優渥叢書

如何在LINE、FB寫出爆款文案

奧美前金牌廣告人教你，
把文字變成「印鈔機」的 **18** 個技巧！

〔暢銷紀念版〕

10 萬行銷人推薦
最強文案高手
關健明◎著

目錄 CONTENTS

第四章

下標題有學問！這樣做就能讓他一眼相中你 155

推薦序

業配文除了商品好以外，貼近生活的溫度更能產生共鳴

很多時候，消費者買的其實不是商品本身，而是感動！

廣告宣傳幫助我們得知能讓生活變得更多彩、更便利的新體驗方式。記得小時候很愛看卡通《美少女戰士》，中場休息時一定會播個芭比娃娃或小玩具的廣告，生動的廣告總是讓我的眼睛為之一亮。當生日時父母送我廣告中介紹的娃娃，雖然它只是個玩具，卻讓我得到「與家人挑選禮物的幸福回憶」，那種興奮之情不可言喻。

拜網路及科技發達之賜，在這個資訊爆炸的時代，有了網路真是「秀才不出門，能知天下事」！只要上網搜尋，就能找到任何需要的商品資訊、美食餐廳推薦、好玩旅遊景點等，手機在身滑個兩下真是太方便了，馬上就能列出十五頁資訊、上百條文章任君挑選，再換個搜尋關鍵字，很快又是百多條資訊，我完全無法想像失去如此方便的網路，生活會變成什麼樣子。

但你是否也發現一個問題：**處處是琳瑯滿目的資訊，如何從中找到適合的商品，**

反而成了一件困難的事。

我從生了孩子後開始寫部落格分享，分享的不僅是知識，也是當下真實感受。朋友常常私下跟我說：「你那篇的文章我拜讀過了，買來用後發現真的很好用耶！有沒有機會開團啦？等你消息喔」，或是「你的文章真的很勸敗耶！我也要買」。

「中肯實在、很有幫助」是我聽到最多的稱讚，廠商也說：「你寫的合作文真的很自然」，原因無它，**真心分享個人觀點感受，不需誇大商品！好的商品經過詳細的體驗介紹，自然能打動人心產生共鳴。**

反之，生硬的廣告文就像未經修飾的說明書，只有冷冰冰的文字圖像排列，怎麼能打動人心？即使商品再好也會讓人卻步。

如何撰寫有共鳴的文案？

這本《如何在LINE、FB寫出爆款文案》，能幫助各業界的行銷人，學習如何重新排列產品優勢、運用生活經驗，來思考產品的價值，並透過四個階段，從吸引讀者點閱標題到促使立刻下單，成功地把好的商品推廣給大眾。

如果你現在手上有一項創新的商品，想要讓更多人親身體驗，卻不知道如何下筆撰寫，相信本書深入淺出的帶領一定能幫助你跨越障礙。

作者提供了七十一個平易近人的案例，詳細介紹十八種超實用方法，兼具設計思維的感性及理性邏輯的分析，可以作為文案撰寫的基礎，再搭配個人的生活經歷延伸思考，相信讀者必能收獲滿滿。我很高興能推薦此書給有志於此的讀者。

知名親子部落客　Grace媽媽

Grace Mama的親子部落格 http://gracehoo74.pixnet.net/blog

前言

用4個步驟，讓你的文案變成印鈔機！

現在請你想像：一篇文案投在社群網站熱門專頁上，二十四小時內賺到二八．三萬人民幣（注：約為新台幣一百二十八萬，為了方便閱讀，以下案例的幣值都換算成新台幣）營業額。這是一種怎樣的體驗？

當時我為了這篇文案精神緊繃了整整十天，連續十八小時都在持續戰鬥，拚到要張著嘴大口呼吸。案主同樣一臉嚴肅，眼睛全神貫注地盯著螢幕。點擊「發送」，再點擊「確定」。案主是強亞東，你是否聽過「叫個鴨子」？這個烤鴨外賣品牌曾轟動全國，他正是幕後品牌策劃人。他後來和朋友聯合創辦「好想稻」賣白米，從百萬級資金起步，如今品牌價值估計已經超過一億人民幣。

強亞東接著又創辦斑馬精釀啤酒，找我幫他寫微信推文賣酒。我們為什麼如此緊張？因為我們剛投了個大號❶，廣告費超過二十萬新台幣。二十萬雖不多，但稍有閃失就會砸空。不過，訂單瘋狂增長，遠遠超出我們的預期。二十四小時內，賣到一百二十八萬！整個辦公室都瘋了，儘管我告訴自己要冷靜，但是完全控制不住！

前幾天，另一個創業者投這個號賺了不少錢，開心地和我們分享經驗，聽到他的資料，我們羨慕地張大了嘴。一週後，我們做到的營業額超越他三六％！

「寫好文案」對你的意義是什麼？買這本書，你或許只是想學一些文案技巧，讀到最新的精彩案例，而你是否想過以上情景發生在你的身上，**你可以用文案賣爆一款商品，用文字完全掌控讀者的情緒，甚至用文案改變一家企業與你的人生？**

五年前，如果有人對我這樣說，我會給他個白眼：「你搞傳銷的吧！」直到文案改變了我的人生。五年前，我加入一家醫療企業，他們有不錯的商品，但是很少推廣，一個月只有一百三十五萬的營業額。

我開始做調研，找賣點，把行銷素材整理成體系。我寫了一系列廣告文案，投放在報紙、電視和網路上。月營業額增長到兩百二十五萬、九百萬……不斷突破，每年增長三〇％以上，已連續四年，蟬聯區域市場數一數二的領導企業。北京、湖南、浙江的同行發現後，開始抄襲我的文案，我今天投，他們第二天就抄，讓我哭笑不得。

這家企業從最早的二十五人，發展到現在一百多人，規模發生巨變。

這段震撼的經歷讓我重新認識到：文案的力量原來這麼大！好文案真的能改變一

家企業！說到文案，不能不提微信文案。大家常把商品業配文投在微信大號上，效果怎麼樣？很多行銷人這樣說：「能回本就不錯了！」、「熱門期已過了」、「成效普通」。真的是這樣嗎？

深圳有家公司叫輕生活，開發一系列衛生棉商品，二〇一五年十二月，輕生活開始投微信大號，花兩萬多塊投一個號，增加十一個粉絲，其他啥也沒有。在那時，我和輕生活聯合創始人張致瑋先生成為朋友，他告訴我，他一直在研究怎麼改進文案。

他不斷反省、總結，把文案改了四遍，終於第五稿搞出了奇蹟。二〇一六年五月，他在文藝大號「書單」投放推文，講一個大男孩為了女友創業做衛生棉的故事，一舉讓點擊率達到十萬次以上。這太不可思議了，當時書單的知識性文章閱讀量才三～五萬，他做到十萬以上，業配文居然打敗了知識性文章！

那篇文章賣了三千九百九十七單，一單三百五十一元，可以算出收益約一百四十萬，相當於投一塊錢廣告費，賺了十一塊多的營業額。很多常投大號的行銷人告訴我：能賺回兩塊錢就謝天謝地了。頂尖文案和普通文案的差距就是這麼大！

並不是每個寫文案的人都能如此快樂。讓我們面對一個殘酷的現實：如果你的文案不強，廣告投出去產出低，即使你寫得費盡心機，老闆也不會給你升職加薪。

如果文案很強，投一塊錢廣告費能賺三塊錢、甚至五塊錢，你要做的就是大量投放。二〇一六年五月到八月，輕生活共投放一百一十二個微信公眾號，總投入廣告費約五百四十萬，直接產生的銷售額約兩千七百四十五萬，到今天已經漲到五千兩百七十八萬。**好商品配上好文案，就像按下印鈔機的開關，創造出源源不斷的財富。**

一邊是地獄，一邊是天堂。寫好文案對你的意義，不只是脫離苦海、獲得主管認可和績效獎金，更是改變你人生的鑰匙。

在很多人眼裡，文案只是個基層職位，不值得花太多時間研究，而在我眼裡，好文案就是印鈔機。你有沒有讀過一篇文章叫〈如何寫出走心的文案〉❷？兩年前，我發表在知乎❸，和大家分享，已經獲得兩萬五千以上的讚，閱讀量五一．八九萬，在知乎文案類回答中排名第一。我在網上分享的文案心得被許多行銷媒體轉載，創刊十五年的老牌權威雜誌《銷售與管理》，甚至聘請我擔任雜誌行銷專欄的作者。

有點小名氣後，我有機會接觸更厲害的行銷人，才發現自己真是井底之蛙。我一個月經手數百萬廣告費，而他們負責一個月花掉五千多萬廣告費。當我暗自得意自己投一元廣告費賺到五元營業額時，他們的戰績是二十五元以上，高峰期甚至達到一百多元。當我自滿於頁面一五%的支付轉化率❹時，他們已穩定做到二二%以上。

讀到這裡，請停下問自己一句：我的數據是多少？好文案的威力遠遠超越我的想像，我相信也會讓你驚訝。面對這樣的行銷強者，我們總感覺他們大腦異常。你可能會想：那樣的人一定擁有突出的天賦或背景，比如拿過作文比賽冠軍、從哈佛留學歸來或是做過奧美廣告的高層。但真相是：不需要。

不需要什麼天賦，這些文案強者上學時，作文水準以中等或中上居多。

不需要什麼學歷，他們有的畢業於不怎麼樣的大學，有的被當掉太多科、大四讀完卻沒拿到畢業證書，有的人大學讀的是電腦。

不需要什麼專業背景，他們有的做SEO❺出身，有的做業務員出身，有的甚至做過服裝設計。

他們能寫出好文案，到底靠什麼呢？答案是系統。他們腦中有一套完整清晰的文案系統！**他們知道「文案打動顧客下單」是有系統的過程，並把它拆解成幾個步驟。**他們瞭解每個步驟的目標，以及各步驟間的邏輯關係，並運用心理學等知識，把每個步驟都做成功。他們深諳如何把各個步驟自然地串聯起來，形成一篇完美的文案。

當這套系統刻在你的大腦裡時，就是你告別痛苦、擁抱陽光的時候。我並不聰明，花了八年時間才知道這一切。我把自己六百多次投放廣告的實戰心得，以及從行銷強者身上學到的知識精華，全部放在這本書裡和你分享。

我忍不住想：如果我大學畢業就拿到這本書，能省掉多少個迷茫苦惱的日夜。在這本書裡，我會提供十八種文案方法，請你大膽使用，當你運用自如時，你的文案將有質的提升。當訂單提醒不停地在你耳邊響起時，當你把商品賣爆時，當你開心地把嗓子喊啞時，你會發現：一切付出都是值得的。

《文案賣貨四步驟》

提交文案時，很害怕聽到這樣的聲音：「不夠吸引人」、「沒感覺」、「太平了」。你要改，但是主管的批評很空泛，你不知道怎麼改。

即使過稿、投放了，你打開後台卻發現訂單量比預期少，你想起自己寫文案付出的艱辛，心有點涼。最讓你害怕的是：你不知道問題出在哪裡！找不到癥結，意味著挫敗感將一來再來。讓我們一起解析這個問題。

目標讀者不是你的家人或死黨，要他掏出自己的血汗錢，這事不容易，對嗎？

既然不容易，我們就要將這件難事拆成幾個更簡單的步驟。那麼請問你：「用文案銷售商品」這件事，最重要的幾個步驟是什麼？（小於等於五個。）

如果你不能馬上寫出來，表示你大腦裡缺乏清晰的概念。每次寫文案時，只能憑感覺、憑經驗，或是借鑑某個優秀作品，但這並不能保證寫得好，對嗎？

終結痛苦的第一步是釐清概念。我總結六百多次廣告投放的經驗，並向多位行銷高手求證，發現文案銷售商品其實只有四步：

1. **標題引人注目。**
2. **激發購買欲望。**
3. **贏得讀者信任。**
4. **引導馬上下單。**

◎標題引人注目

你的任務：兩秒內，吸引顧客衝動點擊。

標題最大的作用就是讓人點進來，人來得越多，就越有可能賣得多。好標題的閱讀量，通常可以做到一般標題的一．三倍以上，假設轉化率不變，這意味著多賺三○%的錢！有些行銷人希望標題顯得「精妙」，用雙關語、諧音詞，或是繞著彎表達，讀者必須想一下才能明白其中奧妙。他們不知道的是，讀者只給兩秒鐘。你看過別人滑手機的手指嗎？滑，滑，滑。看不懂？滑過。不感興趣？滑過。

我們的任務：兩秒內讓他驚訝或好奇，不假思索地點進來。注意：是不假思索，而不是想了一會兒才點！這本書會給你五種好標題的「句式」，個個引人注目。為了方便理解，書中將展示二十四個精彩的標題案例，把商品資訊套進去，就能產出幾條不錯的標題。你可以挑一條最好的，也可以用它們刺激你想一條更棒的。

掌握之後，你寫標題不再依賴靈感，靠的是穩定高效的方法！我建議你在寫完內文，熟知全文脈絡的基礎上再寫標題，所以我把寫標題的方法放在第四章。

◎激發購買欲望

你的任務：充分提起讀者的購買欲，讓他心癢難耐，欲罷不能。

讀者點進來讀內文，他考量的第一個問題是：這商品我想要嗎？如果不想要，他會馬上離開，無論商品多麼優質、多麼優惠。講賣點是不夠的，無論「好吃」、「健康」、「耐用」還是「補水」，平鋪直敘都缺乏誘惑力，我們要表達得生動精彩。

假如你賣優格餅乾，光說「口感酸甜，酥脆好吃」不夠，你非得把它寫得讓人口水流下來不可；或是賣洗碗機，光說「節省時間，陪伴家人」不夠，你非得讓他感覺「這是人生大事」不可！

賣點寫得一般，讀者購買欲只有三分或五分，寫得精彩，能抬高到八分或十分，你要寫到讀者心癢難耐才算成功。本書第一章揭示刺激購買欲望的六種方法，並附上二十一個精彩案例，你大量閱讀後，會充分領悟其中精髓，寫出充滿誘惑力的文案。

◎贏得讀者信任

你的任務：讓讀者相信商品真的很不錯。

你肯定聽過一句話：「廣告說得都很好，買回來發現不怎麼樣！」誰都有過購物失望的經歷，你的讀者也不例外。當他被你刺激到心癢難耐時，依然會警惕：你說得那麼好，真的能做到嗎？如果你不能消除這個疑慮，他還是會關掉頁面走人。

自賣自誇是沒用的，你必須用無可辯駁的事實證明，讓他感覺到「這品質肯定沒問題」，或是「看起來可以信得過」！第二章，我將分享贏得顧客信任的三種方法，以及十四個精彩案例，讓讀者透過文案熟悉你、相信你，為最終成交打好紮實基礎。

◎引導馬上下單

你的任務：讓讀者不要拖拉，馬上下單！

看到這裡，你或許會想：怎麼回事？我明明打動他了，他也相信商品品質不錯，為什麼還不下單？因為他沒必要現在買呀。

他想起這個月的信用卡帳單超支，小孩下個月要交學費，銀行存款太少……，總之他捨不得了！這是他辛苦掙來的血汗錢，他付出時必然會格外謹慎。有時候他也在掙扎，想買又買不下手，於是拖延症發作——算了！過兩天再說！你可以預想到，過兩天就意味著再也不買了。回憶一下，你是否也在付款時猶豫過呢？這是人之常情。所以，你必須讓他意識到：這是他人生中一次非常超值的投資，微不足道的價格能換來巨大的幸福感。而且這次優惠稍縱即逝，他必須馬上購買！

第三章，我將分享四種引導馬上下單的方法，以及十二個精彩案例，大多出自爆款商品的文案，你使用這些重磅武器，將攻破讀者的心理防線，聞到鈔票的味道。

你當然可以找到反例，例如：蘋果賣 iPhone 可以去掉第二步，知名家電品牌賣冰箱可以去掉第三步。但對大部分中小企業來說，四步驟缺一不可。本書準備七十一個精彩案例，幫助你釐清四步驟的寫法。讀完本書，不要再用沒感覺、不夠吸睛來定義你的文案，這種詞太空泛，不能幫到你。文案不能賣貨，無非是這四步出現問題。

知道問題出在哪裡，就解決了一半。那些四步都做對，還做得很精彩的文案，已經一次次地創造出奇蹟，有一年賺回五千兩百七十八萬的衛生棉推廣文案、一個月創造五千萬以上營業額的鮮花電商詳情頁、招生高峰期投一塊錢便賺回一百多元營業額的圍棋培訓班文案。文案的世界很神奇，比我們想像得更廣闊，不是嗎？

現在，我們揭秘達成每個步驟的方法，從內文開始，先談**激發購買欲望→贏得讀者信任→引導馬上下單**，最後講**標題引人注目**。馬上開始吧！

注

❶ 指中國熱門社群軟體「微信」上粉絲眾多的公眾號，可以支付一定金額在上面投放廣告。

❷ 中國流行語，意指能深入人心。

❸ 中國熱門的知識分享平台網站，使用者可在網站上自由提問與回答問題。

❹ 指瀏覽網頁人次與實際下單購買人次的比率，計算方式為特定時間內的支付買家數／訪客數。

❺ Search Engine Optimization，中文譯為搜尋引擎最佳化，意指不透過支付搜尋引擎費用的方式，而是藉由調整網站內容，提升自家網站在搜尋引擎上排名的方式。

「理性的說服是後天的學習成果，而感性的誘惑是先天的本能。」

——葉茂中 ❻

WANT

第1章

文案怎麼寫，才能讓讀者怦然心動？

想讓讀者變顧客，你要先激發購買欲望

每個人的錢都有限，他只會買自己非常想要的東西。**文案的第一步，是激發顧客的購買欲，讓他萌生興趣，無法輕易走開。**這並不容易。看看你手上有些什麼？一些商品樣品、幾份商品資料或一些過往文案稿件。你還有一些簡單的商品賣點，例如：好吃、營養、省電、新鮮、時尚、堅固、實惠等。

市面上的文案通常只把這些資料做簡單加工：科學的精工配置、舒適的使用體驗、呵護家人健康或繽紛優惠狂歡等。這樣寫沒什麼錯，但沒什麼用。我為你準備六種激發購買欲的方法，都經過實戰驗證。文案寫多了，難免有一些思維慣性，用這些方法刺激你的大腦，寫出與以前不一樣的感覺，這個過程很好玩，讓我們開始吧！

注❻ 中國廣告界的資深人士，曾為兩百多家企業打響知名度。

技巧1、運用「感官佔領」，讓讀者具體感受商品魅力

你賣的商品是否給顧客很棒的體驗？比方說，美食：烤雞、蛋黃酥、堅果等；讓人身體舒適的商品：香薰機、按摩椅、蠶絲被等；讓人刺激愉快的項目：4D電影、遊樂園、VR設備等。它們的賣點很明顯：美味、刺激、舒服等。

把這些詞潤色一下就成了文案，很多行銷人都是這麼做，我摘錄幾段給你看。

×

- 道地手工拉茶：選用斯里蘭卡原產錫蘭紅茶，是製作港式奶茶的不二之選，經由浸茶、濾茶、撞茶等純手工工序，更顯得獨具匠心。
- 超感私人劇院：看會「動」的電影，能與影片完美互動的 QUAKE4D 超感

沙發；超讚的杜比全景聲音效，七百二十度還原電影音效。
● 歐式格子鬆餅：來自歐洲的純正風味，採用新鮮優質原料，每一塊都又香又軟，無論是塗抹奶油還是蘸上沙拉醬，都是美味的享受！

閱讀結束。你激動了嗎？你流口水了嗎？你被打動了嗎？沒有吧！很多行銷人把賣點包裝成華麗辭藻，放進文案裡，看似精煉，事實上卻不能激發購買欲，沒用。

《範例——滋補蒸雞的文案怎麼寫？》

我的朋友勇哥曾經在電信公司上班，薪水福利令人羨慕。四年前，他辭掉金飯碗，創業進軍餐飲業。他的主打商品是蒸雞，在團購平台低調上線，在幾乎沒有推廣的情況下，月銷量很快做到驚人的一萬兩千隻！

這款震撼業界的王牌商品，官網推薦文案是這樣寫的：

✕

滋補蒸雞，選用生態活雞，奉獻出最純正鮮嫩的雞肉，呈現出食材的健康、新鮮與品質。以原味乾蒸的方式加入滋補藥膳烹製，肉嫩汁肥、甘美醇厚，具有溫中益氣、補精填髓的功效，為滋補養生、提氣醒神的佳品。

若勇哥蒸雞的美味值是十分，這篇文案大概只寫到四分。我吃過這款蒸雞，是我嘗過最美味的食物之一，如果你有幸買到它，會發現：

○

整包蒸雞有一顆小西瓜那麼大，用精緻光亮的錫箔紙包裹著。打開錫箔紙，一隻金燦燦的完整蒸雞映入眼簾，一股煙向上飄起，你會聞到熱雞肉鮮香的味道，沒有防備，口水已經悄悄流下。

戴上兩隻手套掰下雞腿，剛出爐的雞腿有點燙手，你下意識地對它吹口氣。雞皮滲著湯汁晶瑩發亮，咬了一口，鮮嫩的雞肉終於進入口腔，你嘗到雞肉和鹽混合的鮮美，還有枸杞的酸甜和一點當歸的藥香味。你以前可能吃過乾澀難嚼的雞肉，這次不同，你發現整隻雞都充滿肉汁，每一口都滑溜順口，毫無阻力，大口咀嚼時，耳朵裡好像能聽到雞汁四射的聲音。

隨雞附贈一包辣椒麵，那是絕對的人間美味！倒在小碟裡，變成一座紅色碎末小山丘，蘸一下雞肉，再放進嘴裡，那一秒，辣椒麵的鹹辣味、茴香味、孜然味和雞肉味在口腔裡一齊「炸開」，驚豔到你身體為之一顫，你發現自己莫名其妙嘴角上揚，忍不住微笑起來！

不到十五分鐘，整隻雞已經被你消滅乾淨，你會感覺有點撐，卻意猶未盡。看到錫箔紙上殘留的雞湯汁，你毫不猶豫地往嘴裡倒，溫熱的湯汁從喉嚨流到胃裡，全身一陣暖。

這樣寫，你的購買欲是不是升高了？這段文案不是天上掉下來的靈感，而是我用科學的方法，按部就班創作的成果，任何人都可以學會。想知道其中的奧秘嗎？

《感官佔領——方法運用》

人類幾乎所有的體驗感受，都來自感官，例如：眼睛、鼻子等。當你告訴顧客，你的商品「美味可口」或「驚險刺激」時，無法調動顧客的感官，他沒有被打動。

現在，給你一個清晰、簡單、一看就懂的方法，讓你輕鬆打動讀者！假設顧客正在使用你的商品，描述他的眼睛、鼻子、耳朵、舌頭、身體及心裡的直接感受。

- **眼睛**：你看到什麼？如果你賣一款非常濃稠的希臘優酪乳，寫「濃稠可口」是不夠的，要寫「像乳白色的奶香冰淇淋一樣，只能用勺子挖著吃」。
- **鼻子**：你聞到什麼？就像你賣香薰蠟燭，不要寫「香味濃郁」，而是寫「北非百合花的高雅花束，混合著剛割下的青草香氣與高山上清新空氣的味道」。
- **耳朵**：你聽到什麼？譬如你賣音響系統，不要寫「震撼音效」，而是寫「當電影裡一輛摩托車呼嘯而過時，馬達的轟鳴聲從左耳衝到右耳」。

●**舌頭**：你嘗到什麼？假設你賣氣泡酒，不要寫「酸甜可口」，而是寫「鮮活的桃汁、輕快的檸檬酸，混合著綿密的微氣泡在口腔中跳躍」。

●**身體**：你感受到什麼？你觸摸到什麼？好比你賣涼席，不要寫「這款涼席清爽透氣」，而是寫「躺在這款涼席上，你會感受到清爽透氣，像是涼席底下輕輕吹過田野的清風，半小時後，你會驚訝地發現：背上居然不出一滴汗」！

●**心裡**：你的內心感受到什麼？假如你賣卡丁車體驗專案，不要寫「驚險刺激」，而要寫「急轉彎的時候，心怦怦跳，忍不住深吸一口氣」！

當你描述這些感受時，你已經佔領讀者的聯想，讓他在腦海裡跟隨你的文字，去看、去聽、去聞、去觸碰，於是深入體會到商品的美妙，購買欲望也隨之升高！

《感官佔領──精彩案例》

假設你任職於一個豪華車品牌，商品研發部丟給你一份商品資料，上面寫著各種資訊：V12前置發動機、缸徑九十二公厘、排量六．七公升、豪華木飾真皮車門、木質真皮方向盤等。如果用常見的寫法，文案會是這樣的：車內空間寬敞、內飾奢華、馬力強勁……，而美國廣告人德魯・艾瑞克・惠特曼❼是這樣寫的：

這輛車擁有寬闊如客廳的車廂（**眼睛**），關上它那扇拱頂似的車門，準備享受少數特權者的駕駛體驗。你周圍都是華麗而芳香的皮革（**鼻子**），產自國外的硬木和昂貴的威爾頓羊毛地毯（**眼睛**），這輛車會顯出你獨特的生活方式。感覺到了嗎？當高達四百五十三匹馬力的強勁動力召喚你釋放它們時，你的腎上腺素正飛快地流過靜脈血管（**身體**）。

瞧，惠特曼就是這麼佔領我們的感官，人沒到車行，卻感覺好像試駕過一樣。

《成功關鍵：你真的用心體驗過！》

回憶一下，那些讓你心潮澎湃的文案，是不是使用了感官佔領？說來簡單，做起來也不很難，為什麼大多數人寫不出呢？因為習以為常。行銷人對公司商品早已習以為常，即使它有各種優點、使用體驗出眾，也可能視而不見。

你是否也對你們家的商品習以為常呢？如果你覺得它很平常，你如何說服讀者它很出眾，讓讀者購買呢？玩個角色扮演的遊戲，準備一個本子、一支筆，以及一份你的商品。接著，以顧客的角色完成商品體驗的全流程：**拆開包裝↓觀賞商品↓開始使用。**

在這個過程中，讓自己像個興奮好奇的孩子，一點不尋常都讓你驚喜萬分，並記得用筆記錄下每一步的感官感受，你看到、聽到、聞到、嘗到、觸碰到、心裡感受到的所有！這時再看你的本子，一份全新升級版的文案雛形已經誕生！

《實踐練習——推廣達人》

如你所見，感官佔領文案有種直指人心的魔力，你想不想馬上擁有？現在就和我來做個小遊戲。回想一下，你最近買了什麼好用的商品？看看你的書桌、浴室或客廳，選一個出來。用感官佔領寫一段文字，描述使用它的美妙體驗，但是不要寫品牌。你要把文案和商品照片發到社群網站，讓朋友心癢難耐，促使他們問你：哪裡買啊？

你的目標：留言數翻倍！假設平時你發一篇訊息，平均有十個人留言，這一篇的目標就定為二十人，以此類推。半天後就可以看到資料，檢視自己的文案功力。

我相信你已經收穫滿滿的留言，我也完成了這項作業。我選的商品是一款小巧的頸部按摩器，賣點是緩解頸部疲勞，我是這樣寫的：

○

如果你每天看很久電腦，脖子很痠，頭昏腦脹，你的救星來了！這個頸部按摩器我用了三年，強力推薦！別看這東西只比巴掌大一點**（眼睛）**，力氣卻很大，開關一開，你會感到兩股電流刺激頸部穴位，一陣酥麻蔓延全身，震得脖子都左右搖動。**（身體）**

兩種按摩模式，一種像小拳頭，一下一下地敲打頸部，疲勞感一下就緩解了；一種像單手按壓，好像泰國按摩師用食指、中指、大拇指揉按穴位，陣陣酸麻，舒服得讓你上癮，希望它永遠不要停。**（身體）**

十五分鐘一節，摘下儀器，頸部的緊繃沉悶感竟然消失了**（身體）**，有一種連上五天班終於週末的欣喜感，你會情不自禁地長出一口氣「呼……」，感覺像是換了個新脖子！**（心理）**

我這樣思考：讀者購買按摩器，最看重兩點。第一，按摩時是不是舒服？第二，按摩後是否緩解疲勞，獲得放鬆？鼻子、舌頭這兩個感官用不上，我將重點放在「身體」和「心理」來打動他們，經過半小時的打磨，寫出以上文案。

我平時每篇訊息大概會收到十條留言，今天收到二十一條，大部分都在問：「去哪買？」而這款商品的電商詳情頁文案是：

×

按摩頸部穴位，緩解頸椎痠、麻、脹、痛、僵硬，舒筋活絡，遠離頭暈頭痛。低周波技術，透過電磁揉、敲打等手法十檔調節，大師級的按摩享受。

這是很多老闆、行銷人認可的文案。用漂亮的形容詞，意思模糊的技術名詞給商品貼金，其實沒什麼用。人們讀了，腦子裡還是沒有概念。但感官佔領文案能直指人心，幾乎無法阻擋。你的文字像一根魔法棒，調動讀者的眼睛、鼻子、耳朵、舌頭、身體和內心，讓他身臨其境地體驗你的商品，達成「文字試用」的神奇效果。

爆款秘訣

- 感官佔領寫作方法：描述體驗商品時，眼耳鼻舌心的感受。
- 假裝自己是顧客，重新體驗一次自家商品，把感官感受記錄下來。
- 用孩子般的好奇心體驗商品，用充滿熱情的文案感染顧客。

注

❼ Drew Eric Whitman，人稱「DM博士（Dr. Direct!）」，美國廣告宣傳與銷售培訓大師。

技巧2、找出「恐懼訴求」，戳中讀者最在意的痛處

你是否在賣這樣的商品：

- 省事型：掃地機器人、洗碗機、全自動洗衣機等。
- 預防型：防塵蟎床單、防盜指紋鎖、防近視的檯燈等。
- 治療型：五十肩貼、除痘商品、減脂商品、拯救拖延症的時間管理課程等。

簡言之，它們能避免麻煩！賣它們時，你有兩種方法刺激讀者購買欲。

正面說：形容擁有後有多美好。

反面說：沒有這個商品，你的生活會有多糟糕。

正面說常常不夠有效，於是我們還要從反面說，這就是大名鼎鼎的「恐懼訴求」。寫一段文案，讓讀者覺得：「天啊！掃地太花時間，太痛苦了！」於是，他必然會更想買你的掃地機器人。這是一種強力的訴求方式。

恐懼訴求不是什麼秘密，很多行銷人會不屑地說：「哼，我早就知道了，不就是嚇唬人嗎？」但事實上，很多恐懼訴求文案完全嚇不到人，請看下面這些文案：

×

一款防塵蟎床墊的電商詳情頁：蟎蟲遍佈你的家庭，是過敏性鼻炎、皮膚病的元兇，為了全家的健康，必須盡快除蟎！

一款指紋鎖電商詳情頁文案：竊盜案頻發，你家的鎖真的安全嗎？

這些文案打動你了嗎？並沒有。問題出在哪裡？正確的恐懼訴求該怎麼寫？

《範例——我害怕閱讀的人》

天下文化出版社在二十五周年慶時，請奧美廣告來做推廣，激勵大眾多讀書。當時台灣經濟發展快速，人人急著往上爬，忙於工作、應酬、交際，卻靜不下心讀書。按照常規的思路，我們可以對讀者說：不讀書的人思想空泛，缺乏素養！不讀書跟不上時代潮流，未來難有發展！

這樣說雖然很嚴重，但很容易激起人們的逆反心理，讀者心裡會想：你憑什麼說我思想空泛？我也經常和朋友、生意夥伴聊天，瞭解最新的資訊呢！有的讀者甚至會反唇相譏：「愛拚才會贏，死讀書有什麼用？」

奧美交出了自己的作業，文案標題是「我害怕閱讀的人」。

我害怕閱讀的人。一跟他們談話，我就像一個透明的人，蒼白的腦袋無法隱藏。

我所擁有的內涵是什麼？不就是人人能脫口而出，遊蕩在空氣中最通俗的認知嗎？像心臟在身體的左邊。春天之後是夏天。美國總統是世界上最有權力的人。但閱讀的人在知識裡遨遊，能從食譜論及管理學，八卦周刊講到社會趨勢，甚至空中躍下的貓，都能讓他們對建築防震理論侃侃而談。相較之下，我只是一台在MP3時代的答錄機：過氣、無法調整。

……

他們是懂美學的牛頓、懂人類學的梵谷、懂孫子兵法的甘地。一本一本的書，就像一節節的脊椎，穩穩地支持著閱讀的人。

我害怕閱讀的人。我祈禱他們永遠不知道我的不安，免得他們會更輕易擊垮我，甚至連打敗我的意願都沒有。

我害怕閱讀的人，他們知道「無知」在小孩身上才可愛，而我已經是一個成年的人。我害怕閱讀的人，他們懂得生命太短，人總是聰明得太遲。我害怕閱讀的人，尤其是，還在閱讀的人。

這篇文案發出後，引發巨大的社會迴響，很多人評論「字字戳心」、「慚愧」或是「真的說出了我的心裡話」！它高明在哪裡？這篇文案背後，有一個敏銳的洞察：奧美廣告人發現人們忙著做生意時，免不了應酬交際。飯桌上總有一些博學的人侃侃而談，談到生意，他們能聊國際最新的創業理念，聊到茶杯，他們能說出茶葉的發展歷史。他們總是充滿魅力，主導話題，當然更容易贏得尊敬和訂單。

相較之下，更多人（包括讀這篇文案的人）因為知識量不足，儘管入席就座，卻毫無存在感，就像僕人陪公子讀書。讀者看到這段話，可能會想起上次在某某餐廳與大佬吃飯時，自己很難插上話，腦袋裡沒有精彩觀點可供表達，像是跑龍套的臨時演員，傻傻地看著別人談笑風生、合資做事業賺大錢，而自己卻進展緩慢，一股慚愧、無奈、悔恨的情緒湧上心頭：該多讀書了！

這篇文案斬獲多項廣告比賽的創意大獎，一直流傳至今、廣為傳頌。這就奇怪了，同樣是恐懼訴求，為什麼看了之前的防蟎床墊、防盜門文案，沒有什麼感覺，而這篇文案卻字字戳心呢？成功的恐懼訴求到底該怎麼寫呢？

《恐懼訴求——方法運用》

那些讓我們仰視的神來之筆，其實都遵循一定的套路。如果你把它們收集在一起，逐個拆解，你會驚訝地發現它們有著一模一樣的結構，由兩段組成：

● 痛苦場景

說「不讀書沒前途」太抽象，無法引起共鳴。因此，奧美指出一個具體的痛苦場景：高人談笑風生，你卻無話可講。讀者突然回憶起來後，心被刺痛了！

● 嚴重後果

光刺痛讀者是不夠的，他可能痛一下就忽略了，你必須指出：這個問題不解決，會帶來難以承受的後果，讓讀者立刻尋找解決方案：你的商品。〈我害怕閱讀的人〉強調「在成年人的世界顯得無知」、「祈禱不被擊敗」，就是告訴讀者：如果你不改變，在社交場合你還是會顯得愚蠢、難堪，甚至可能被社會淘汰！

想到這麼嚴重的後果，讀者就開始意識到要讀書了！

《恐懼訴求——案例1：奈米防水噴霧》

一個年輕的創業團隊推出典型的預防型商品：奈米防水噴霧罐，能在鞋、包包上形成保護膜，防水、防油和防汙。如果不掌握方法，恐懼訴求文案會寫成這樣：

✕

平時出門，鞋子包包難免被弄濕或沾染污漬，弄髒心愛的物件。

讀者可能不以為然，心想：「這種情況不常見，大不了擦乾淨就好啦。」或是「我對鞋沒那麼講究，不需要！」而這款商品的推廣文案是這樣寫的。

○

上班日下雨最讓人崩潰了，不小心蹚一鞋水，在公司又換不了鞋，要黏黏膩膩一整天，想想就鬱悶。

出門在外，登山下海，想領略壯觀的美景，就得踏過泥濘的道路，吃過飛揚的塵土。況且，鞋子、背包、衣服、帽子什麼的，還容易沾上汽油或者油膩食物，變得髒兮兮。回到家後，刷鞋子洗衣服肯定讓你腰痠背痛，而且可能也洗不掉？

讀文案時，讀者會突然想起往日糗事，例如：梅雨天不小心踩到水坑，想脫鞋又擔心不雅觀，只能穿著濕鞋忍耐到下班；出外踏青時，鞋和包沾滿污漬，用力刷都刷不掉……。天啊！該如何避免這些倒楣事？於是認真地往下看商品功能。

痛苦場景：下雨天踩到水，旅遊弄髒鞋、包、衣物。

嚴重後果：穿著濕鞋一整天，費力洗刷鞋、衣物還洗不掉。

《恐懼訴求——案例2：時間管理函授課程》

某講師與大型雲端學習平台合作，推出時間管理函授課程。當時，平台上已有許多同性質課程，競爭十分激烈。他的一位競爭對手在詳情頁裡這樣寫：

×

拯救拖延症／低效率／無法堅持／怠惰！

你是否有這樣的困擾：上班渾渾噩噩，下班也不知做什麼，無法提升職場競爭力、樹立的目標無法完成、家庭／生活／工作無法平衡……。

讀者讀完未必會對號入座，心裡可能會這樣想：「我雖然工作效率不算高，但是也不算低效率，更不算怠惰吧！」、「我一點都不覺得自己上班渾渾噩噩啊，我做的工作不少呢！」也有讀者會覺得：「這門課是推薦給職場新鮮人的吧，我早已過了那個階段」。這位講師講課多年，輔導過上千名學員，深刻洞察職場白領的心理。他在試聽課裡，特意請聽眾配合自己做一個小測驗。

○

下面五句話，你若有同感，就在心裡打個勾。

□ 我常常忙了一天，卻感覺很多事情還沒做完。
□ 我的工作時常被主管、部屬、其他部門同事打斷。
□ 我工作時常常忍不住去看一下手機。
□ 我買很多書、收藏很多網路文章，卻沒有時間讀完。
□ 當主管突然給我加工作量時，我會感到焦慮。

- 一個都沒有勾，表示你的時間管理做得很不錯，再接再厲！
- 勾一到兩個，表示你的時間管理做得普通，尚需掌握更多方法。
- 勾三到四個，你每天浪費大量時間，嚴重拖累邁向成功的進度。
- 勾五個，屬於晚期患者，你缺乏時間管理的基本概念，必須馬上改變！

你是否也情不自禁地玩起打勾遊戲？你打幾個勾？如果你是三個勾以上的嚴重患者，你會特別渴望得到解救。作者很聰明，把痛苦場景設為打勾題，把測試結果設為嚴重後果，讓你無法忽視他的警告。這個函授課程自從上線後，銷量就十分驚人，一度衝上平台熱銷榜的前十名，這位名不見經傳的講師，居然和央視主持人馬東、知名聲樂家龔琳娜一起站在熱銷榜TOP10，他的恐懼訴求文案立下大功。

《恐懼訴求——實踐練習》

想讓人恐懼，就能讓人恐懼，這是好文案的重要能力。現在，和我一起練習並掌握它。

我們來賣電動牙刷，這個商品大家都不陌生。電動牙刷潔齒頻率高、具有時間提醒功能，強迫人們刷到一定時間，幫助預防蛀牙。請你寫一段恐懼訴求的文案，讓讀者更認真地關注電動牙刷。現在合上書就寫。

○

心裡都知道刷牙重要，但還是常常應付了事，不認真刷。稍不注意，就容易牙齦發炎，不只刷牙的時候經常流血，嚴重的時候，咬口白饅頭都能看到一排血印。發作時，牙齒悶悶地陣痛，捂著臉皺眉，根本沒辦法工作（**痛苦場景**），只能請假看病，不但被扣薪水又耽誤工作，看病回來還得加班補上。（**嚴重後果**）

去過牙科的人都曉得：看牙真貴！治療幾顆牙，費用隨便都要上千元，躺在診療椅上，聞著消毒水的味道，任牙醫的手在自己嘴裡鑽洞，疼得眼淚在眼眶裡打轉（**痛苦場景**），真是花錢又受罪！（**嚴重後果**）

以上文案摘自一款國產電動牙刷，以「痛苦場景＋嚴重後果」為結構，讓讀者重視預防蛀牙，於是認真地往下讀，關注它的具體功能。這款牙刷在一個科技眾籌❽平台上線後，二十四小時內，一萬支庫存被一掃而空。

爆款秘訣

- 恐懼訴求適用範圍：省事型、預防型和治療型產品。
- 恐懼訴求＝痛苦場景（具體、清晰）＋嚴重後果（難以承受）。

注

❽ 眾籌又稱群眾募資、公眾集資，是指個人或小企業透過網際網路向群眾展示企劃，以募集資金的一種集資方式。

技巧3、透過「認知對比」的方法，突顯別人的商品缺點……

假設你的商品屬於成熟品類，沒有顛覆性的新功能，賣點是在某些方面更好。比方說，相較於市面上的傳統商品，你的果汁更有營養，滅蚊燈更安靜，毛巾吸水性更好等。既然有優勢，就直接表達出來吧！很多行銷人寫下這樣的文案：

✕

- 我們的滅蚊燈採用軸承風扇，音量實測僅四十分貝，不會打擾睡眠。
- 我們的果汁採用風靡歐美的低溫冷榨技術，透過緩慢擠壓出汁，避免大部分營養被氧化的缺陷，能更充分地保留豐富的營養成分。
- 我們的吹風機以攝氏五十七度恆溫來吹頭髮，不影響頭髮光澤和彈性。

這樣寫感覺太平淡了。公司辛苦研發出的強大功能，讀起來似乎也沒什麼了不起。該如何把商品特色表達得淋漓盡致呢？

《範例——冷榨果蔬汁文案》

我曾經接到一個文案任務：推廣超高壓冷榨蔬果汁。

科普時間：你自己榨的果汁，如果放桌上不管，兩天後肯定餿掉。但超市裡賣的一〇〇%純果汁為什麼不餿呢？因為果汁在工廠裡用高溫加熱過，細菌被「燙死」了，所以能放幾個月。另一種方法是讓果汁承受超高壓力，「壓死」細菌，這樣做口感營養好得多，但也貴得多。我必須充分激發顧客的購買欲，他才可能買。

○

我們率先引進HPP超高壓滅菌技術，完善保留蔬果營養並鎖住新鮮口感。不必羨慕好萊塢明星手上的洋品牌蔬果汁，我們的每一瓶果汁都使用相同的先進工藝製成。

你常喝的是果湯還是果汁？蔬果汁含大量微生物，包括真菌、細菌和部分酵母菌，因此很容易變質，滅菌是所有罐裝蔬果汁的必修課，然而，滅菌技術不同，蔬果汁品質也截然不同。

傳統高溫滅菌技術：利用病原體不耐熱的特點，高溫加熱蔬果汁，將細菌燙死。然而，與細菌「同歸於盡」的還有大量寶貴的維生素。實驗表明，高溫加熱後，維生素B_1、維生素C、維生素B_{12}和葉酸含量顯著下降。蔬果汁的口感也變了，顯得沉悶乏味。鮮果汁進去，熟果湯出來。

HPP超高壓滅菌技術：把封裝果汁放在密封、充滿水的容器內加壓，使果汁承受超高壓力，一舉消滅細菌、酵母菌、微生物，而果汁營養幾乎毫髮無損，口感生鮮如初，新鮮與營養兼得。HPP超高壓滅菌毫不留情，卻特別善待營養素，有抗氧化功效的多元酚能保留接近一〇〇%、維生素C保留八五%；但高溫滅菌時只能保存四〇%。

或許不需要懂這麼多理論，喝一口冷榨蔬果汁，舌頭立刻嘗到柳丁的清新、番茄的酸甜，就連芹菜的生澀都如此可愛。

那是大自然泥土孕育的野生味道，毫無保留、不加修飾、淋漓盡致。

這篇文案在品牌公眾號發出後，收到很多顧客的留言：「難怪超市果汁那麼難喝」、「以後再也不買果湯了」，也有很多人發來鼓勵：「繼續保持好品質！」、「三天喝下來感覺清爽！」，同時後台的商品銷量迅速增長，獲得良好的回饋。

《認知對比——方法運用》

經典的心理學書籍《影響力》❾提到：「人類認知原理中有一項對比原理，如果兩件東西差異很大，我們往往會認為它們之間的差異比實際的更大。」這項原理可以用在文案中：**我們先指出競品的差，再展示我們商品的好，商品就會顯得格外好！**

如果我只寫冷榨果汁的各種優點，聽起來就像是自誇，並且平淡無奇，但是，如果我先說超市果汁是「煮熟的果湯」、「口感沉悶」、「營養被破壞」，再說冷榨果汁「清新、生鮮、營養豐富」，就會讓後者格外有魅力！

「認知對比」激發購買欲需要兩個步驟。

1. 描述競品：商品差（設計、功能、品質等方面糟糕）＋利益少（帶給消費者的好處少，甚至有壞處）。

2. 描述我們：商品好＋利益大。

當然，批評競品時要有理有據，不能亂罵，我們來看三個案例。

《認知對比——案例1：榨汁機》

去年，市面上出現一種易清洗的小型榨汁機，一家公司在推廣文案裡寫道：

> ✕
>
> 分離式刀頭，易拆易洗。只需輕輕一沖，即可沖走果汁殘渣。

很多讀者沒用過榨汁機，會疑惑：「分離式刀頭」是什麼意思？真的「易拆易洗」嗎？他們沒概念，自然沒有心動的感覺。另一個品牌的文案則這樣寫。

○

大部分人都希望榨汁機方便好用，想喝就榨、清洗方便。但一般榨汁機，在果汁和渣滓分離這一步必須使用濾網，清洗濾網簡直是噩夢對吧？

PS：不怕告訴你們，我之前的榨汁機用幾次就不用了，就是因為太懶得清洗，榨完必須用刷子立刻刷乾淨，刷完還得組裝……。

而這台機器，容器本身就是杯子，清洗時只需用水沖杯子和攪拌刀頭就行了，簡直太方便了！真正的好東西，好用，也好下次用，不是嗎？

兩篇文案的差別在於，前者單純自誇，而後者與傳統榨汁機對比，讀者當然要選後者。文案中，作者還指出傳統榨汁機過濾掉果渣，浪費營養豐富的水果纖維，而自家商品果肉果汁混合，飽腹感更強，充分保留營養，再次利用認知對比塑造商品優勢。這款榨汁機上市後持續熱銷，半年內幾乎鋪遍各種時尚類微信大號。

《認知對比——案例2：棉柔巾》

社群網站上曾經有一個熱門話題：洗臉用手還是用毛巾比較好？大部分北方人習慣用手，而南方人習慣用毛巾。當網友吵得不可開交時，某個品牌敏銳地從其中發現巨大的商機。他們開發出一款棉柔巾商品，外觀像紙巾，但韌性要強得多，沾水後可以洗臉，不會掉紙屑。他們打算在南方推廣這款商品，建議女性用它代替毛巾來洗臉。

這是在挑戰南方女性幾十年的洗臉習慣！很多女生覺得毛巾覆蓋面大，摩擦力比較強，抹在臉上感覺力道十足，清潔很徹底。棉柔巾看起來薄薄的，總覺得不夠有力。商品文案應該怎麼寫，才能讓讀者改變多年習慣，嘗試用棉柔巾洗臉呢？

○

毛巾質地比較粗糙，但臉部肌膚敏感又細嫩，稍用力就容易傷害皮膚。

早晚各洗一次臉，毛巾便會長時間處於濕的狀態。南方冬季濕冷，春夏季又經常下雨，尤其是梅雨季時，毛巾格外難乾還會發臭，很容易孳生蟎蟲，對皮膚造成二次污染，令毛孔變粗大，簡直白費了護膚品。

棉柔巾能夠完美代替洗臉毛巾，用完即棄，每一片都是嶄新的，對肌膚無污染零傷害；由一〇〇％純天然棉花製成，十分柔軟，真的很適合敏感肌和角質層薄的女生，尤其是可以呵護好眼周的皮膚。

毛巾臭是很多女生的痛點，她們心裡也清楚，毛巾光靠勤洗沒用，必須拿去曬太陽，甚至還要定期煮沸消毒，但身為忙碌的上班族，哪來這麼多時間啊！

於是，很多女生也只能繼續用毛巾洗臉，儘管它有點臭，自己也確實擔心會傷害到臉部肌膚。相比之下，棉柔巾嶄新又乾淨，力道雖然比較輕，但似乎更呵護嬌嫩的肌膚，或許能改善自己的肌膚狀況呢！文案利用認知對比，打動了不少南方女性，這篇文案最早投在一個女性用品測評的大號上，投資回報率達到驚人的一比七，主筆作者是一位畢業剛兩年的文案新人，她自己也感到很意外！

《認知對比——案例3：烤箱》

阿如是一位家庭主婦，有一個四歲的女兒，她想買個烤箱，和女兒一起玩烘焙，既能鍛煉孩子的動手能力，又能豐富家庭食譜。她打開電商網站搜索「烤箱」，看到頁面是這樣寫的。

✕

煎烘一體均勻加熱，三十公升黃金空間更高效；上下雙層發熱管，三百六十度立體加熱；加厚鋼化玻璃烤箱門，全方位散熱系統……

阿如一頭霧水，看不懂這些技術名詞。她關掉頁面，點開另一個商品介紹：

○

普通烤箱：熱能不能到達爐腔各個角落，烤大塊肉類容易外熟裡生。
我們的烤箱：鑽石型反射腔板，3D迴圈溫場，均勻烤熟食物無死角！
普通烤箱：無法裝入烤叉，功能少，不實用。
我們的烤箱：三百六十度旋轉烤叉，能烤整隻雞或羊腿，外焦裡嫩。
普通烤箱：普通鋼化玻璃，長時間高溫烘烤時，有破碎風險。
我們的烤箱：經上萬次防爆實驗，研發出四層聚能面板，經得起千錘萬烤。

這三點都正中紅心！阿如之前用微波爐熱肉類時，最怕半生不熟，也擔心烤箱出現類似問題，文案主動提出這一問題的解決方案。烤叉是意外收穫，她想像著下週末要烤隻全雞，給家人一個驚喜。親子烘焙時，安全是首要問題，文案提到的加固型面板也讓她更放心。有趣的是，兩款烤箱功能其實很相似，前者寫成晦澀的天書，而後者借助認知對比原理，不但突顯商品優勢，也讓讀者輕鬆看懂、心動下單。

爆款秘訣

- 認知對比適用範圍：成熟品類商品，在某些方面更好。
- 認知對比寫作方法：先指出競品的差，再展示我們商品的好。
- 認知對比兩個步驟：

1. 描述競品：商品差——利益少。
2. 描述我們：商品好——利益大。

注

❾ 作者為羅伯特．席爾迪尼（Robert B. Cialdini），是說服、順從及談判領域的國際權威。

技巧4、設想消費者使用場景，你就知道該怎麼下筆

如果問你：「希望顧客何時用你的商品？」你會怎麼回答？我問過幾位朋友。

✕

賣智慧鞋墊的朋友：我們的鞋墊能放進任何鞋子裡，不管你穿什麼鞋，都能幫你計算步數、運動量！

賣暖風機的朋友：冬天感覺冷，又不想開空調的時候就可以用！

賣榨汁機的朋友：我這款榨汁機只要十幾秒，想喝果汁隨時可以榨！

聽起來很有道理，對不對？但事實上，這不能打動讀者。

讀者：「我常穿四雙鞋，應該買幾雙鞋墊呢？為什麼？」

讀者：「冬天冷，我在家裡都開空調啊，雖然耗電，但是也習慣了。買這個暖風機感覺沒啥用！」

讀者：「家裡有優酪乳、啤酒可以喝，感覺沒必要特地買榨汁機！」

你看，他們有各種理由拒絕你。**當你的商品有多種用途時，文案寫「隨時隨地，想用就用」是個糟糕的想法**。那正確的寫法是怎樣的呢？

《範例——榨汁機》

如果我來賣那台榨汁機，我會對目標顧客——白領女性這樣說：

○

明天起床後，你可以剝一根菲律賓帝王香蕉，切開橙黃色的柔軟果肉，把它丟進榨汁機裡，加入鮮牛奶，旋轉杯體，十秒之後就能喝到冰鮮爽口的香蕉牛奶，香蕉的甜蜜和奶香在嘴裡碰撞，用好心情開啟新的一天！

不用再去樓下買豆漿，你未來一周的早餐是小黃瓜鳳梨汁、胡蘿蔔美顏汁、柳橙奇異果汁、柚子葡萄汁，以及特別來賓——黃金海岸蔬果汁！

晚上口渴，喝開水太乏味，喝飲料怕胖。於是你打開塞滿新鮮蔬果的冰箱：金燦燦的水仙芒果、冒著露珠的智利藍莓，香脆酸甜的美國櫻桃……，你的臉被冰箱照亮，心情也瞬間點亮，隨便拿出幾樣東西，很快就能榨出一杯五彩繽紛的美味果汁！更重要的是，營養健康，熱量不高，沒有罪惡感！

下次去瑜伽房時，記得帶一杯淡紫色的藍莓雪梨汁，提前警告你，你的同伴看到後肯定會圍過來，好奇地問東問西，沒辦法，引領潮流的人難免會有這些小煩惱！

每天早餐榨、晚上回家榨、榨了去健身房喝……，在這段文案中，我描述多個使用場景，讓讀者感覺：「哇！有了它生活會大不一樣啊！」而購買欲也隨之升高。

《使用場景——方法運用》

「商品何時用」其實是一個思考題。當行銷人說隨時都可以用的時候，就是把這一題踢給讀者。讀者才懶得認真想呢！

誰看廣告時願意費腦深入思考？絕大多數人都是慵懶、休閒地瀏覽著，如果某個商品讓他們有疑惑，很簡單，關閉廣告就好了。

所以，解題的人是你，你應該把他使用商品的場景一、場景二、場景三……設計好，讓讀者想像到一天當中，他可以一次又一次地使用商品，不斷獲得幸福和快感，這樣打動他的機率就大大增加了！

你可能會問：「如何想出那麼多使用場景呢？」

答案：洞察目標顧客的常見行程。他會固定去某些地方，做某些事，產生某些需求，我們仔細觀察：在哪些場景裡，他需要我們的商品？以上班族為例，一年大部分時間都在工作，時不時迎來週末、小長假，偶爾有幾天長假，日子不同，行程不同。

1. **工作日：**早晨起床，洗漱、吃早餐，趕往公司；工作一上午，吃午餐，可能午休，工作一下午；吃晚餐，晚上加班或回家；回家後可能陪家人、讀書、追劇、朋友小聚、運動等。

2. **週末、小長假：**加班、看電影、逛街、各類健身和球賽、郊遊、朋友小聚、吃大餐等。

3. **長假：**長途旅遊需要安排行程，預訂機票、火車票、旅館，準備旅行用品等。

4. **節慶：**旅遊、回老家。春節回家，通常要給父母、親友或恩師準備禮物，還有大掃除、拜年等節慶事項。

觀察你的商品可以植入哪些場景裡，讓你的讀者能生活得更美好。將使用場景描述出來，去打動他們！

《使用場景——案例1：氣泡酒》

一個餐飲電商公眾號要賣麝香葡萄氣泡酒：

- 來自義大利名莊，好喝，符合大眾口感。
- 小瓶裝三百七十五毫升，大瓶裝七百五十毫升。
- 瓶身秀氣，瓶標上有優雅的義大利文和手繪花圖。

● 螺旋瓶蓋，轉開瓶蓋，放根吸管就可以喝。

你可能有些心動，但不一定會買，因為不知道什麼時候喝。下班回家喝？你家裡可能有其他飲料，或是去超市買。朋友聚會喝？聚會時都是點餐廳的酒。結果：不買了。因此，電商公眾號作者處心積慮地為商品找到三個使用場景。

○

看電影喝可樂吃爆米花？換點花樣吧。塞兩瓶小甜酒在包裡，電影開場，轉開瓶蓋，插根吸管，兩個小時的電影正好喝完一瓶。如果和閨密或對象一起看電影，還可以直接帶瓶七百五十毫升的，插兩根吸管，你一口我一口，瞬間有種「整個電影院都被我們包下了」的感覺。恰好最近正趕上新片上映高峰：熱血如《速度與激情》，甜蜜如《春嬌救志明》，復古如《大話西遊》，酷炫如《銀河護衛隊》，都適合搭配劇院尺寸的小甜酒。

除了看電影，外出野餐飲用也很合適。像上海這樣冬天夏天幾乎無縫銜接的地方，一定要好好珍惜短暫的春天。最好的方式便是帶上一籃子吃的，和好朋友們去草坪上野餐！下午三四點，拿出小甜酒，一口水果一口酒，配上暖暖的春光，什麼煩惱都沒了。

不知道你有沒有這種情況：工作壓力大、感到心累，回家什麼話都不想說，只想獨自安靜地喝酒。不知不覺大半瓶沒了，然後就醉了。酒啊，還是和朋友一起喝最好。邊聊天邊喝酒，把不開心的事情說出來，讓對方開心開心，互相「嘲笑」有時也是一種解脫，而且還不容易喝多。

好的「多場景」就像一個會玩的好朋友給你提議：嗨，我們去……吧！而你的感覺就是爽，因為你不用費勁想，只要決定好還是不好就行了。你彷彿變成一個大老闆，部屬給你一份提案，你只管審批，多爽！這種狀態正是買單的前奏。

作者深入分析讀者工作日、週末、假日的行程，合理地把商品置入看電影、野餐和小聚等場景中，充分激發讀者的購買欲。請注意作者如何讓讀者不費腦：為了讓讀者買酒配電影，他連要看的電影都幫讀者找好了；為了說服讀者去野餐，他還找了「珍惜短暫的春天」這樣的理由。這款原本小眾的酒品，在文案的刺激下三天內即宣告售罄，三個月後，應粉絲要求再次銷售，成為該公眾號的新晉熱銷單品。

《使用場景——案例2：千層便當》

網路蛋糕品牌「糕先生」，在福州成立不到兩年，僅有七名員工，國慶日前上線新品，開放銷售三小時內，銷售額竟然迅速突破三十六萬元，給團隊打了一劑強心針！操盤者是品牌創始人林忠義，他告訴我成功的秘密武器正是多場景文案。

商品：千層便當蛋糕，由奶油、芒果、千層皮組成的甜品，便當盒大小。

廣告投放時間：九月底。

目標客戶：年輕媽媽，以一至五歲孩子的母親為主。

行銷任務：在品牌公眾號和老顧客微信群裡，投放一組系列海報，說服顧客購買千層便當在國慶日吃。

林忠義告訴我，寫文案前，他仔細思考年輕媽媽國慶日會做什麼。國慶日景點總是塞塞塞，年輕媽媽也知道這一點，因此她們不出遠門，多數人會這麼安排。

近郊旅遊：一家人在福州周邊景點郊遊。

回娘家：福州是福建省會城市，很多女性娘家在寧德、三明、南平等，她們國慶日會回娘家。

留福州接待老友：娘家或大學老同學從外地來福州玩，需要迎接、招待他們。

加班：工作繁忙，國慶日也要上班。

他進一步想，在這些場景下，為什麼顧客要吃千層便當呢？當他想通這個問題，系列海報文案已經呼之欲出了。

○

為了討好小姪女，小王國慶帶糕先生回家！糕先生千層便當，家人都掛念！

國慶我到你住的城市玩，你卻不帶我見識一下糕先生？糕先生千層便當，招待朋友最合適！

國慶即使加班，也要做個快樂的加班狗！糕先生千層便當，加班好伙伴！

國慶福州周邊遊，女兒吵著要帶糕先生！糕先生千層便當，好吃好攜帶！

國慶不一定宅家，但宅家追劇真的好舒服！糕先生千層便當，追劇最嘣嘴！

五個清晰的場景，概括年輕媽媽國慶日的行程。

回老家難免見親戚，手上總要拎點禮物，這個禮物通常是老家沒有，只有福州有賣的：千層便當。

老朋友來福州，必須請他吃點福州當地的美食品牌：千層便當。

加班很辛苦、很委屈，需要甜食安慰自己：千層便當。

一家人外出郊遊，總要帶點零食，也要給小孩備點吃的：千層便當。

在家追劇，嘴巴閒著無聊：千層便當。

顧客讀完的想法：這個主意好、那個也不錯，先買再說！海報只透過糕先生自有公眾號推送，沒花一分錢媒體廣告費，一天時間售出一千兩百多單，營業額六九．一二萬，對於當時還很小的糕先生來說，是一項不得了的資料。

《使用場景——實踐練習》

現在使用多場景這項武器，寫出一段自己創作的精彩文案！

你的任務是賣這雙超輕彈力鞋。

● 鞋面採用萊卡布料，鞋子輕薄，透氣性能佳。
● 輕盈柔軟得不可思議，單隻鞋重量只有大約八十克，穿上就像沒穿鞋一樣。
● 布料不怕水，入水不會被泡壞，出水後水分會速乾。
● 可以三百六十度捲曲折疊，ＰＶＣ（聚氯乙烯）的鞋底柔軟性優良，無論如何折疊彎曲，鞋子也不會變形損壞。折起來後，很小的包都能塞下這雙彈力鞋，佔空間小，方便隨身攜帶。

你的目標客戶是二十二歲至三十五歲職場人士，男女不限。你想想，他們在工作日、週末、小長假、年假和大長假裡，有哪些時候正需要這雙超輕彈力鞋？

參考答案：來自一篇微信推文，為了充分激發讀者購買欲，作者想出八個使用場景！對照看看，你是否做得更好？

○

● 臨時去超市買點東西、出去散步遛狗時，一腳蹬上就能出門。
● 放一雙在車裡，替換下高跟鞋或者皮鞋，開車更舒適安全。

- 久坐打字的人，應該在辦公室準備一雙這樣的鞋子，替換高跟鞋和皮鞋。簡潔的款式，穿著開會也不失體面。在你穿累高跟鞋時，這雙彈力鞋能隨時拯救你於水深火熱中。
- 差旅途中坐飛機或火車時，拿來當替換的鞋子，可以舒緩腳部在旅途中的勞累，也比拖鞋更方便上廁所。
- 做瑜伽、健步走、普拉提等運動時，穿著也很舒適。
- 在海邊沙灘漫步時穿，鞋口緊貼腳踝，沙子不容易灌進去。
- 穿著這雙鞋在海裡游泳或潛水、浮潛，避免赤腳被碎片或礁石劃傷。

爆款秘訣

- 「多場景」可以刺激購買欲，讓讀者想像到一天下來，他可以一次又一次地使用商品，不斷獲得幸福和快感，成為生活中常用的好物件！
- 想出場景的方法：洞察目標顧客一天的行程，思考他工作日、週末、小長假、年假和大長假會做什麼，把商品置入這些場景裡。
- 在工作日和節假日，人們的安排差異很大。在每個節慶前，我們要提前思考顧客的安排，自然地置入商品，運用多場景文案激發顧客購買欲。

技巧5、類似商品百百款，為何選你的？因為「暢銷」在作祟

在介紹這個文案方法之前，我想先和你分享一個有趣的心理學實驗。某位社會心理學家讓一位受測者，與另外七～九人（實際上是他的助手）一起坐在桌旁，向他們展示三條長短不一的線段（下面右圖），要求他們判斷：哪一條與下面左圖的X線段一樣長。

回答時，每個人輪流大聲說出自己的判斷，而受測者在倒數第二個位置。在大多數的試驗裡，每人都說出正確答案。但是，在幾次預先確定的關鍵試驗中，助手故意說出錯誤答案。多次實驗後發現，七四％的受測者至少有一次從眾，在明知正確答案的情況下，跟隨多數人選擇錯誤答案。

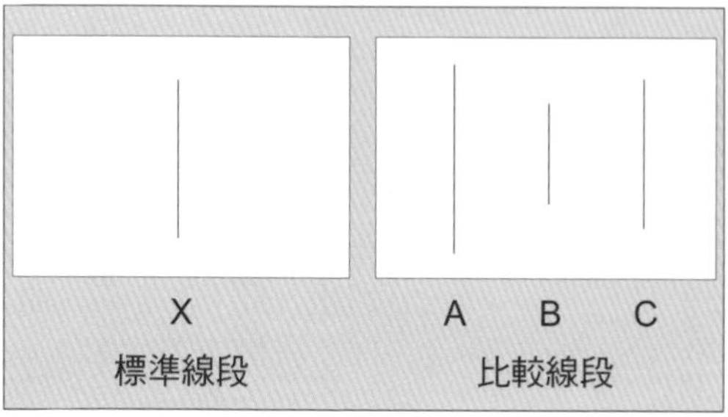

即使錯得離譜，七四％的人也會從眾，這是很龐大的數字。我們可以將如此普遍的心理運用在行銷上。**描述「暢銷」是非常強大的文案方法，它既能激發購買欲望，又能贏得讀者信任，這樣一箭雙鵰的方法並不多見。**

假設你在電商網站搜索一款商品，有兩家店都在賣。一家銷量很高、好評如潮，另一家賣得很少，評論只有幾條，你會在哪家買？多數人都會選擇前者。實際上，很多人搜索後，都會按照銷量由高到低排序，只看排名靠前的商家。

《暢銷——使用方法》

如果你在大企業，描述暢銷就很簡單，列出自己的銷量、使用者數量、好評量等資料，例如：「五十三萬零九百七十二位美麗女性已擁有」、「連續二十七年除濕機銷量領導者」、「全網熱銷三十萬台」，就能讓讀者更想購買。

如果你在中小企業，直接列出銷量資料，可能會顯得很寒酸，可以換個思路，描述商品熱銷的細節現象，例如：賣得快、回頭客多、被同行模仿，營造出熱烈銷售的氛圍，同樣可以讓讀者更想買！

《暢銷——案例1：另類的行李箱》

這幾年，出國旅遊持續盛行，行李箱的銷量也水漲船高。在電商平台上，各品牌的競爭可謂慘烈，一搜行李箱，眾多低價口號映入眼簾，送箱套、貼紙等禮品更是不足為奇。在低價軍團中，有一款行李箱售價雖高達一千三百五十元，卻長期佔據銷量榜前十，不禁讓人好奇：它是如何做到賣得貴，又賣得好呢？

○

漢客鎮店之寶硬箱　上架半年，同行爭相模仿。

高銷量：上架半年累計銷售十九萬件。

高人氣：近十五萬人次高人氣收藏。

高評價：超過七萬買家的好評見證。

- 天貓累計銷售十九萬零八十一件。
- 最近一個月售出八千六百零七件。

● 累計人氣收藏達十五萬六千九百六十三次。
品質之作，不懼模仿！

在搜索展示圖裡，該品牌就突出「鎮店之寶，熱銷十九萬件」，讓讀者好奇：這款箱子到底有什麼特色？進入詳情頁後，讀者看到高銷量、高評價的具體數字，便對商品產生更濃厚的興趣。對讀者來說，旅行箱一買就要用好多年，旅途中一旦掉了輪子、拉斷拉桿或是箱子破裂，會非常麻煩。

如果商品只賣幾百元，還送這送那，雖然看起來挺便宜，卻讓很多人質疑是否耐用。這款商品雖然較貴，但詳情頁不斷強調銷量高、評價好，材質格外耐用，經得起各種暴力測試，讓人感覺更放心。「賣了這麼多，品質應該不錯」、「既然要買，就要買好一點的」，帶著這樣的想法，很多讀者點下了購買按鈕。

《暢銷——案例2：小眾蜜粉》

美妝公眾號編輯莉莉要推廣一款日本進口蜜粉。這款商品上妝特別服貼，不容易脫妝，還有控油補水的效果，品質媲美價格高一檔的大品牌，性價比很高。

問題來了：文案該怎麼寫，才能讓人相信這些優點呢？很多女性已經有了自己常用的蜜粉品牌，如何「策反」她們，讓她們願意嘗試新品牌呢？

○

前不久，景甜素顏直播時出現了它的身影。楊冪、李小璐、日本最強美魔女水谷雅子……，好多明星、紅人都在用它。這盒蜜粉人氣高到什麼程度呢？舉個例子來說，它會被放上日本雅虎拍賣，沒在預購期買到它的人，會爭相出價拍賣購買。說它是日本美妝界的斷貨王，一點也不誇張。

自一九九一年起，這個品牌每年推出一款獨特主題的限量蜜粉，一九九一～二〇〇九年是米蘭女神主題。從二〇一〇年開始，盒蓋上變成不同的小天使圖案。這款限定蜜粉只在當年量產一批，僅預約發售，必須提前半年預訂。這款蜜粉經常在還沒上市時，就已經處於斷貨狀態了。可以說，如果錯過當年的天使蜜粉，接下來的一整年都會很懊悔。

如果直接與大品牌比銷量，一定會落敗。但是，作者找到另一條體現暢銷的思路：賣得快。讀者看到這款商品要「爭相出價拍賣購買」時，立刻感到好奇，想要一探究竟。文案不斷強調商品暢銷，引導讀者這樣想：能在美妝品牌林立的日本賣爆，商品必有過人之處，於是難以抑制地心動了。**中小品牌宣傳暢銷時，往往必須以偏概全，突出描繪某一次或幾次的暢銷現象，給讀者塑造全面暢銷的印象。**

《暢銷──案例3：老趙燒餅》

趙師傅有一手做燒餅的絕活。一九九五年，他創業開設餅店，在十五平方公尺的小店裡賣蔥油燒餅，迅速聚攏一批忠實的老顧客，在周邊區域十分出名。趙師傅做餅二十多年，兒子長大成人後，決定幫父親在網上賣餅，在當地美食微信大號上投業配文宣傳，全市外賣配送。小趙一度陷入焦慮。老顧客當然知道餅好吃，但是其他市民未必相信。文案怎麼寫，才能讓讀者相信老趙的餅不一般呢？

○

老趙的餅店被稱為「鼓樓一絕」。開店近二十年，已成為當地必吃老店，不少人一家三代都吃他們家燒餅。

住在隔壁社區的琳婷從初中起光顧老趙的餅店，一吃就吃了十八年。結婚後，她負責家裡的烹飪大業。婆婆很挑食，經常抱怨她炒的菜不合胃口，唯獨對她帶回家的燒餅讚不絕口。如今，她五歲的兒子也成了新顧客。

王先生回憶，他高中時每週五傍晚放學固定光顧餅店，如今移居美國，還經常托朋友從國內帶來。春節回家，他總會買回一大袋，從初一吃到十五，要吃個過癮！

像這樣的老顧客數不勝數，老趙的兒子特意做過統計，超過兩百二十名

> 顧客每兩周至少購買一次，十分穩定，他們最常說的評價是：「很香，隔一段時間就會很想吃！」

老趙只有一間餅店，論銷量肯定比不過連鎖店，但是他有自己的特別優勢：歷史久、老顧客多。小趙機智地抓住這一點，仔細地描述老顧客從小吃到大，吃了還要吃，描述燒餅在熟客中非常暢銷，讓讀者好奇：這餅到底是什麼味道，這麼好吃，我也想嘗嘗！看到價格不貴，立刻下單購買。小趙嘗試性地投了兩個號，賣了八百二十多盒燒餅，獲得六百多名新顧客，首次行銷迎來開門紅！

《暢銷——案例4：家政APP》

近年來，到府清潔成為一門大生意。多家家政O2O❿公司紛紛宣佈融資，瞄準市場規模龐大的家庭服務市場。一家福建企業已在此行耕耘七年，近兩年發展迅速，銷售額名列前茅。他們很清楚暢銷是強大的文案武器，在商品介紹頁開頭就強調「服務遍佈三十個城市，為一百七十萬家庭提供清潔服務，好評率高達九八%」。除此之外，他們還想了一招，透過描寫抹布來具體呈現暢銷。

> ○
>
> **七色清潔布**
>
> 地板清潔布、浴室清潔布、護膝布⋯⋯。這一點，我們很驕傲。
>
> 我們特有的七色清潔布，分區使用、乾濕分離，有效避免交叉污染。雖然一直被模仿，但我們很樂意為提高行業整體服務水準貢獻力量。

表面上只是在描述抹布，實質是想讓讀者悟出品牌的強大，畢竟，他們家可是一直被同行模仿，半死不活的品牌誰模仿？只有強者才會讓同行眼紅，才會被模仿啊！讀者潛意識裡就會覺得：嗯，看起來這個品牌挺強的。

接著，作者沒說「認準正品、謹防假冒」，這樣說比較老土，也顯得小氣，而說

「樂意提高行業服務水準」，進一步暗示「我們是市場領導者」，讓讀者感受到這家企業氣度不凡，給印象加分，消費欲望自然更強了。

爆款秘訣

- 心理學實驗證明，七四%的人會受從眾心理影響。
- 利用從眾心理明示或暗示商品暢銷，能激發讀者購買欲望，並贏得信任。
- 大企業列出自己的銷量、用戶量、好評量等資料，展現自己行業領導者的地位，能讓讀者更想購買。
- 中小企業描述商品熱銷的局部現象，例如：賣得快、回頭客多、商品被同行模仿，營造出熱烈銷售的氛圍，同樣可以激發人們的購買欲。

注 ⑩ 全稱為Online to Offline，指結合實體商務與電子商務，透過網路尋找消費者，再藉由行銷活動或購買行為，將消費者帶到實體通路。

技巧6、具體列出使用者感想，讓顧客成為最佳代言人

這個方法同樣運用人們的從眾心理，既能激發購買欲望，又能贏得讀者信任。

當我們要買一款從來沒買過的新商品時，通常最直接的想法是：看看用過的人怎麼說？所以，我們會在 Line 上問朋友，會點開網頁裡的用戶評論，會看論壇或部落客寫的測評文章，如果大家都說好，並且說得真實可信，便會情不自禁地下單。

《顧客證言——方法運用》

寫顧客證言很簡單：在品牌社群、售後評論當中精選留言，用消費者的真實好評來證明。重要的是：挑選的證言必須能擊中顧客的核心需求。

核心需求是指顧客花錢最想滿足的需求，若無法滿足，根本不會買。舉例來說，

行動電源的核心需求：電量充足；洗碗機的核心需求：洗得乾淨，我們選的證言要能擊中這些核心需求。

有一台以色列除毛機，售價一萬一千七百元，推廣文案引用下列顧客證言：

✕

@涼夏：目前用了兩回，才閃了三千多次，感覺三十萬次會用到天荒地老。

@小小懶蟲：嫩膚效果明顯，很喜歡。有APP可以連接提醒剩餘量，適合粗心的我，而且方便攜帶這一點很貼心。

@開胃菜：燈頭完全貼合皮膚，已使用兩個月，效果顯著，好用性價比高，相信以色列產的美容儀器。

@jaguarS：操作簡單，熱熱的但不痛，也不影響皮膚狀態，很滿意。

當顧客考慮花一萬多元買除毛機，核心需求必然是除毛效果好。在她付款之前，她心裡最想確認這些事情：這台除毛機除一次要多久？能不能除得乾淨？幾個月後會不會長回來？然而，作者選用的證言講的是壽命長、APP功能、方便攜帶等，顧客看完這些，還是一頭霧水，購買可能性自然不高。

《顧客證言：案例1——杞程．水蜜杏行銷回顧》

我的朋友孫正釗創辦了杞程食材。今年夏天，他在全國八個城市調研，發現青島產的嶗山蜜非常有特色：第一，非常甜；其次，水分很足，可以媲美水蜜桃。他將商品命名為水蜜杏，正式上市後的第一周，平均每天賣出一百盒左右，孫正釗並不滿意，決定在公眾號上再發一篇推文。

「輕輕剝開毛茸茸的果皮，咬下一口，軟嫩的果肉與牙齒相遇的那一刻，爆漿一般的香甜果汁充盈口腔。」這是他描述水蜜杏口感的文案，生動地融入視覺、觸覺及味覺感受，但是他覺得不夠驚豔，無法讓人有馬上要買的衝動。

他苦苦思考著，突然一個靈感閃過他的腦海：「為什麼不請別人幫我寫？」他在品牌社群發出徵集令，選出十名專業吃貨，為他們頒發「評審團證書」，請他們品嘗水蜜杏，並要求針對顏色、大小、口感、包裝四方面，寫下一百字左右的評價。

○

吃貨評審團A：把軟的杏子挑出來，洗淨裝盤，拿出一個最軟的輕輕咬一口，軟綿綿的，汁液迫不及待地破皮而出，在整個舌尖歡騰，再像吮吸熟柿子那樣吸一口杏肉，又彷彿吃了一勺杏味奶昔一樣，柔和細膩，每一口都是一種驚喜，讓人停不下來。

吃貨評審團B：洗乾淨的蜜杏，掛著水珠，比高級限量版的腮紅更自然的橙粉色，散發著陣陣香氣。牙輕輕地咬破洗乾淨的果皮，果汁就爭先恐後湧入口中，迅速地席捲味蕾。酸酸甜甜，更多是甜的味道，讓人覺得這個初夏格外美好。沒想到一個果子下肚後，還有一絲驚喜的酸味在舌邊徘徊，讓你忍不住食指大動，想再來一個。

吃貨評審團C：原本想吃一個嘗嘗味道，結果就是停不下來的節奏（耗時十八個小時，全部幹掉）。真的很甜，全是自然的甜味，整箱吃完沒有一個酸的，口感甜軟，汁水也不少。
吃貨評審團D：之前吃覺得水分不足，但也一天就吃完一箱，今天又開了一箱，果然放了幾天味道讚到不行。甜味更足，水分更多，香味更濃，口感更軟。覺得之前那箱急著吃完有點暴殄天物！
吃貨評審團E：全家都愛吃的水蜜杏，包裝精美，自己吃或送人都非常有面子。黃裡透紅，色澤鮮豔潤澤，碩大皮薄，果核小，果肉細膩多汁，唇齒留香，好吃得根本停不下來！我家吃貨妹妹每次都要吃三個以上才能解饞。

只看第一段文案，就像作者獨唱，再精彩也勢單力薄。展示五段顧客證言後，就像舞台上突然出現樂隊和伴舞，開始協力合奏，更讓人相信這水蜜杏真的好吃！孫正釗把這五段證言加入推廣文案，發佈在品牌公眾號上，當日零售訂單量為兩百五十二單，是之前的二五〇%以上，獲得很好的推廣效果。

《顧客證言：案例2——玻尿酸原液》

廣州某新興化妝品品牌推出玻尿酸原液，主打「補水保濕，百搭促吸收」，建議顧客把原液滴到化妝水、精華液、乳液、面霜裡，加倍補水，促進吸收，打出「千分之三提煉配比，五百倍保濕力」概念。但是，單純的成分說明還是缺乏說服力，讀者想知道的是：塗在我臉上效果怎樣？借助消費者證言，這個難題迎刃而解。

○

@y***0：洗完澡先用化妝水拍臉，然後加一滴原液到他們家的修護面霜中，第二天感覺重回十八歲，滿臉都是嫩滑的，手指都捨不得離開臉了。

@穗***a：超超超保濕，精華乳液裡加一滴原液，能省好多精華和乳液。

@g***6：秋天膚質有點乾燥，意外地發現和修護面膜、美白精華一起使用，效果超誇張，簡直是剛從美容院出來的效果。

顧客證言可以幫你「作弊」。作者借用顧客證言，把補水效果描述得淋漓盡致，特別是那句「美容院出來的效果」，讓人對商品充滿期待，很多女性毫不猶豫下單。該品牌這兩年銷量長紅，我聯繫到他們，想把他們的某篇文案選作範文分析，但被行銷負責人婉拒，他表示模仿者已經很多，不希望自家的文案被太多人知道。

啟發：所有作用於人身上的商品，都很難對效果打包票，比如教育、護膚、化妝品、美食、按摩器、美髮護髮、除毛機等，這時候，你可以用顧客證言來打動顧客。

爆款秘訣

- 顧客證言：精選生動的顧客留言，用真實的使用感受證明商品好。
- 顧客證言既能激發顧客購買欲望，又能增強顧客對商品的信任感，是少數能一箭雙鵰的文案方法，威力強大。
- 顧客證言成功關鍵：挑選的證言，必須擊中顧客的核心需求。
- 作用於人身上的商品很難對效果打包票，我們可以用顧客證言來表達。

「消費者不是低能兒，她們是你的妻女。若是你以為一句簡單的口號和幾個枯燥的形容詞就能夠誘使她們買你的東西，那你就太低估她們的智慧了。她們需要你給她們提供全部資訊。」

——大衛 · 奧格威 ⓫

TRUST

第2章

怎樣的廣告內容，能讓讀者放心購買？

想打開顧客的錢包，你得先贏得信賴感

你讀廣告時，會輕易相信它說的嗎？當然不會。那麼，當你寫文案時，你會提醒自己：讀者不信任我，我必須證明給他看嗎？常常忘了，對吧？**贏得顧客信任這一步非常重要，但很多人寫文案時卻忽略了**。隨處可見以下的文案。

創辦兩年的美妝品牌，新品上市文案裡主打商品功效，宣傳「美白肌膚，深層滋潤」等，緊接著就上優惠：凡購買精華、眼霜享八折優惠，即刻擁有雙倍積分。「贏得顧客信任」的文案，一個字都沒有。顧客肯定會疑慮：這個品牌我沒怎麼聽過，它真能美白嗎？真能深層滋潤嗎？

某國產電器品牌主打除濕器售價五千八百元，除濕功能強大。這個品牌並不知名，只寫了「上萬家庭的除濕選擇」和「國家高新技術企業」，沒有其他證明商品品質的文字，讀者能放心掏出五千八百元購買嗎？

站在顧客角度，我們很容易發現：「不信任」幾乎就意味著「不買」。絕大多數人都有這樣的經歷：商品拿到手，才發現沒有廣告裡說的那麼好，失望！讀者必須感受到充分的信任，才會願意把血汗錢交給你。我們的任務就是用一個個無可辯駁的事實，證明我們的商品品質，贏得顧客信任。

激發購買欲望代表調動顧客的感性情緒，回顧一下——

感官佔領：憧憬嚮往。

恐懼訴求：恐懼。

認知對比：厭惡和喜愛。

使用場景：快樂幸福。

贏得顧客信任時，我們要提出理性證據，比如用實驗結果說話，請權威機構背書等，讓讀者對品牌有深入的認識，充分熟悉並信任我們。我準備了三種方法，馬上來看看吧！

注

⑪ David Ogilvy，奧美廣告公司創辦人，是世界聞名的廣告教父。

技巧7、運用「權威轉嫁」的威力，讓名人專家幫你的商品打包票

「這本書講人性講得特別好。」懷疑。

「祖克柏讀這本書研究人性，這是他今年讀過的六本書之一。」開始相信。

「這個馬桶非常好。」懷疑。

「你知道嗎？紐約和芝加哥所有的希爾頓酒店都是用這款馬桶！」開始相信。

「這是一把非常好的鎖。」懷疑。

「警察局分析兩千三百八十七起竊盜案，發現這種鎖很少被撬開。」開始相信。

為什麼第一句可疑，第二句可信呢？

我們買很多東西，例如：衣服、沙發、食品等，但沒有時間逐一深入研究，那麼該怎麼選呢？**跟隨權威。因為權威人士或機構都很專業，他們推薦的肯定不會錯！**這是一個信任轉嫁的過程。

《權威轉嫁——運用方法》

> ✕
>
> 今天小編要推薦一款牙刷，外表看起來很普通，但竟然擁有十三項專利，而且一亮相就獲得紅點設計獎！它的刷頭是很講究的軟毛，刷毛呈三明治形佈局，並且是中間高、兩邊低的山形結構……。

這篇牙刷推廣文案提到「紅點設計獎」，但內文裡沒有其他更深入介紹的文字。作者覺得大名鼎鼎的獎項，對外行的讀者來說卻很陌生，讀完沒什麼感覺，導致商品雖然有權威，但是轉嫁失敗。

完整的「權威轉嫁」要做兩步：

1. **塑造權威的「高地位」**：無論你借助哪個權威，一定要展示它非常專業、高級別、影響力很大，在行業裡舉足輕重，所有人都希望獲得它的認可。

2. 描述權威的「高標準」：要求很高、很嚴苛，一般人無法獲得，你得之不易。

《權威轉嫁——案例1：金屬旅行箱》

做旅行箱的創業團隊剛收到喜訊，商品榮獲德國ｉF設計獎！這個獎是業內公認全球最重要的設計獎項之一，曾頒給賓士、BMW、IBM、SONY等國際大廠。設計師跳出傳統旅行箱的設計套路，大膽地創造出一款科技感十足的金屬箱，讓人眼睛一亮，終於勇奪大獎！頭疼的是行銷部門。德國ｉF設計獎在業內大名鼎鼎，但是大眾讀者並不瞭解。在推廣詳情頁裡，怎樣讓他們感覺到這個獎很神呢？

○

榮獲德國ｉF工業設計大獎

世界三大設計獎之一的德國ｉF設計獎，有「設計界奧斯卡」之稱。在剛剛結束的iF二〇一七設計大賽評選中，我們的金屬旅行箱在全球數千件參賽作品中脫穎而出，獲得殊榮！

讀者看到「世界三大設計獎」、「設計界奧斯卡」時，立刻感受到獎項的權威和莊重。「在全球數千件參賽作品中脫穎而出」，讓人感覺到獎項競爭激烈，能打敗全世界這麼多對手，品質應該不錯！文案完整地完成權威轉嫁的兩步：塑造權威的高地位和描述權威的高標準，成功贏得了讀者的信任。

《權威轉嫁——案例2：貢米》

老施從廣告公司辭職創業，做起白米品牌。經過不斷改進，商品獲得了日本有機認證。憑著廣告人敏銳的行銷嗅覺，老施決定把這一點寫進推廣文案。大眾讀者都是外行，怎樣讓他們一看就知道這個認證很威呢？

○

我們選用中科院研發的「稻花香二號」和「平八」兩種稻穀種子。今年，更引進了袁氏集團的袁米種子「小粒香」作為補充新品。這樣好吃的東北白米一年只有一季，更長的生長週期，使口感更好、營養更充足。

目前全球最高標準的有機，是美國農業部的USDA標準，其次是日本農業有機認證，再接下去是歐盟農業有機認證，最後是中國有機認證。今年2月，我們的商品正式獲得日本有機認證，可以向日本出口符合日本商檢品質的東北白米。在此之前，我們已經拿下歐盟有機認證和中國有機認證。

這段文案略顯囉唆，但是清晰地表明：全球有四大有機標準，他們拿到的是全球第二高標準的認證，在歐盟標準之上，讓人感覺品質有保障！

《權威轉嫁——案例3：植物洗髮精》

一位南方青年歷經奮鬥，終於進入世界前五百的公司，並獲得中國區總監職位。四十歲時，已是大叔的他辭掉百萬年薪，不安分地開始創業，專注研發植物洗髮精。沒有大公司光環，沒有知名度，也沒有明星代言，一小瓶洗髮精售價近四百五十元，比超市常見品牌貴了三倍多。他要如何寫文案，才能讓讀者接受這價格呢？

〇

他數次往返於全球頂尖的研究機構「日本科瑪大阪柏原研究院」。熟悉的朋友應該知道，資生堂、雅詩蘭黛、蘭蔻等許多名牌護膚品裡的「王牌商品」，其配方都誕生於這家研究所。

想和科瑪合作，就要承受比普通公司貴好幾倍的研發費用，擺在他們面前有兩條路：用普通點的配方，省下的錢用來做行銷、打廣告，寄望一炮而紅，或是將絕大部分錢投入商品研發，下一步再考慮籌錢賣商品。

他們決定選擇後者。「我們告訴科瑪，不僅要用最好的配方，而且還反向提出一個苛刻的要求，植物來源成分要佔到五〇%以上，因為我們不想做一款『假的』植物洗髮精。」

讀者並不瞭解日本研究院的背景，但是看到它的合作夥伴都是美妝大牌，立刻感受到權威和專業，潛意識裡認為這款洗髮精的品質也是大牌級別。這還不夠，文案提到「苛刻的要求」，進一步提升商品的品質感。這個品牌找了幾十位網路名人推廣，推廣主題雖各不相同，但一定都有放入這句宣傳，成為獲取讀者信任的重要籌碼。

《權威轉嫁——案例4：希臘寢具》

惠婷看著電腦螢幕發愁。她要推廣一款希臘寢具，定位高端，一個枕頭就要近五千元。她看著品牌方資料找不到靈感：二十五年歷史，EFQM（歐洲品質管制基金會）頒發的金獎，高級椰果纖維，羊毛，棉製原料……，在競爭對手的宣傳文案裡，這些都是老生常談。如何寫出新鮮感，讓讀者迅速感受到品牌的實力呢？

○

精品酒店為了旅客的舒適睡眠一向十分講究，所有寢具尤其是枕頭的選擇，都必須是最高水準，讓旅客躺在陌生的床上也能輕鬆入睡。如今不僅是阿聯酋國家航空頭等艙，還有希臘的希爾頓、巴塞隆納的麗池卡登……，這些精品酒店的寢具供應商都是一個來自希臘的家居品牌CC。

當年，喬治．克隆尼和美女律師艾瑪．阿拉穆丁的婚禮引人矚目，女方把婚禮選在阿曼運河豪華酒店。這家古典氣息的浪漫酒店，選品相當講究，寢具全部都來自CC。

惠婷仔細閱讀品牌的大客戶名單，發現國際頂級酒店、航空公司都選用該品牌的商品。她並不滿足，繼續搜尋這些酒店、航空公司接待過的貴賓，終於找到喬治．克隆尼，用他來免費代言，讓讀者覺得：「好萊塢大明星都睡這個牌子！」這個神來之筆給文案注入更強的打動力，幫助惠婷完成公司銷售額目標，甚至超出二一%。

《權威轉嫁——案例5：排毒蔬果汁》

北京一個創業團隊研發出一套排毒蔬果汁，號召女性每月三天不吃飯，只喝十八瓶蔬果汁，排毒、減脂、美膚。果汁排毒法最早風靡於美國，由他們引入國內，迅速聚集一批留學歸國的高級白領顧客。不過，沒有權威的營養學家站台，沒有大明星代言，該怎麼讓新顧客願意接受三天不吃飯的挑戰，嘗試自己的商品呢？

〇

前任維多利亞的秘密超模杜晨．科洛斯說：「你的身材，七〇%由食譜決定。」高營養、低熱量的蔬果汁一直是超模的必備食物。

有些超模甚至只吃果皮和蔬菜榨的汁，這種飲食方式也得到ＢＢＣ紀錄片《吃得少，活得久》的理論支持：定期輕斷食只喝蔬果汁，已讓全球數百萬人成功減脂。二〇一五秋冬的倫敦時裝周，有時裝編輯特地直擊後台超模們的飲食，發現這裡堆滿了蔬果汁。維密天使大秀後台也準備了五百瓶 **Detox Juice**（排毒鮮果汁）！

一直以好身材著稱的女星布蕾克・萊芙莉以及維密超模米蘭達・寇兒都是果汁排毒法的忠實粉絲。寇兒曾說：「每天我都會來一杯，裡面有芹菜、小黃瓜、羽衣甘藍、西生菜、菠菜。大量的綠色蔬菜很重要，能讓你的頭髮和皮膚發光，看起來很年輕。」

初創團隊請不起世界超模代言，但他們聰明地佈局文案：超模喝排毒蔬果汁↓我們是中國排毒蔬果汁領導品牌↓想喝就試試我們。業配文投放數十個微信時尚大號，在北京、上海、廣州掀起一陣輕斷食風潮，品牌銷量逐年攀升，並獲得許多名人投資。

爆款秘訣

- 權威轉嫁的關鍵字：權威獎項、權威認證、權威合作單位、權威企業大客戶、明星顧客、團隊權威專家等。
- 權威轉嫁的關鍵因素有兩點：塑造權威的高地位、權威設立的高標準。
- 如果找不到權威來推薦你的品牌，你可以描述哪些權威認同你的商品理念，間接證明你的商品品質。

技巧8、口說無憑，用「簡易實驗」證明商品的真材實料

如果你的商品在材質上有優勢，例如：堅固耐摔、柔軟舒適、韌性強、不易破損等，該怎麼讓顧客相信？如果直接寫出這些優勢，卻沒有提出解釋和證明，讀者肯定會懷疑：哼！你是賣家，你當然這麼說啦！該怎麼證明商品的材質優勢呢？

《範例——奧格威與勞斯萊斯》

一九六〇年代，勞斯萊斯推出新車銀雲（Silver Cloud），並請廣告大師奧格威撰寫廣告文案。這輛車的一大優點是隔音效果好，駕駛時非常安靜。如果文案寫的是「寧靜無聲、尊貴享受」之類，讀者看過後還是會懷疑：真的那麼安靜嗎？奧格威寫了一句文案，不僅有力地證明這個賣點，還成為他人生中最引以為豪的文案。

「這輛新款勞斯萊斯時速達到九十六公里時，車內最大的噪音來自電子鐘。」

這真讓讀者驚訝。開車的人都知道，時速九十六公里可不低，總會聽到發動機的轟鳴聲、公路上的嘈雜聲，但開這輛車最大的聲音竟然只有鐘聲而已！車內有多安靜，已經不言而喻。這則廣告只刊登在兩家報紙、雜誌上，費用約為二·五萬美元，卻引起了很大迴響，隨後，競爭對手福特汽車花費數百萬美元，推出新的廣告活動，聲稱他們的車比勞斯萊斯更安靜。

《事實證明——運用方法》

1. **收集性能資料：**想突顯豪華車的安靜，要先搞清楚車內音量的精準資料，例如二十五分貝。

2. **連結到熟悉事物：**讀者是外行，對資料不敏感，光講資料沒法打動他。因此，我們要把資料連結到他熟悉的事物，例如奧格威提到的電子鐘。某空氣淨化器的噪音是三十二分貝，文案描述：「只有細微均勻的風聲，伴你入睡。」有多安靜，讀者已經清楚感受到了。

《事實證明——案例1：手工潔面皂》

一家日本企業專門研究手工皂，宣傳賣點是「用它洗臉特別乾淨」，這正是女性消費者需要的，然而，在長期的廣告宣傳之下，洗面乳成為多數人的洗臉選擇，大家對這款手工皂的清潔能力心裡沒底。如果文案直接寫：「我們比洗面乳更好！」只會激起讀者的反駁。這時，我們就必須用事實來證明。

○

這塊珍珠皂的泡沫，像鮮奶油一樣綿密細膩有彈性，拿起泡網輕輕一搓，手上立刻就是滿滿一大坨。Q彈厚實的程度都可以拿來凹造型了。

這些泡沫直徑細小到只有○．○○一公厘，要知道，人體的毛孔直徑是○．○二公厘～○．○五公厘。所以它能深入毛孔，徹底清除汙垢，同時美白保濕成分也能充分作用在肌膚上。

印象中，洗面乳產生的泡沫相對蓬鬆，裡面有不少顆粒狀的氣泡，而作者貼了一個動畫，展示這款手工皂產生的泡沫非常綿密，用勺子舀起一勺，幾乎看不到氣泡，就像一坨濃濃的奶油，如此細膩的泡沫讓讀者感到驚訝，也更相信它的清潔能力。

光說泡沫直徑小到〇．〇〇一公厘，讀者不會有感覺，把資料連結到鮮奶油上，讀者立刻被打動了，這就是事實證明兩步驟的用法！

《事實證明——案例2：柔軟的床墊》

一家廣東床墊企業發現，儘管傳統觀念認為硬床好，但是越來越多人喜歡睡軟床，覺得更舒服，睡眠品質也更高。這家企業生產一款非常柔軟的床墊，能有效地支撐身體各部位。但是，當他們做電商詳情頁時，卻遇到問題：實體賣場銷售時，可以請顧客試躺，然而在網上銷售時，如何讓人相信床墊真的很軟呢？

○ 零壓力！能將生雞蛋整個壓入床墊內都不會破。

這床墊有多軟已經無須多說。作者剛開始也想展示床墊柔軟度的相關資料，但發現讀起來很無聊，在閱讀大量經典廣告後，他決定學習前輩用事實證明。他曾經試過把乒乓球、礦泉水等各種東西壓進床墊，最後發現生雞蛋震撼力最強。這款商品以柔軟舒適為主要賣點，上線三個月後，月銷量突破七千件，成為企業新晉的暢銷商品。

《事實證明——案例3：純棉衛生棉》

張致瑋和好友創辦了輕生活衛生棉，發現一個不為人知的內幕：所謂「棉柔」衛生棉其實不是棉花做的，而是用化纖加上黏合劑，雖然不太會傷害到人體健康，但是肌膚敏感的女生用了，會起小紅疹子。

於是他們開發純棉衛生棉，讓敏感肌的女生可以放心使用，而且更舒適，吸水性更強。然而，棉柔衛生棉和純棉衛生棉看起來差別不大，觸感也差不多，似乎找不到任何事實證明自己用的是純棉。「用料天然優質」的賣點無法讓人相信，該怎麼辦？

一把火燒過，兩款材質差異一目了然。與純棉燒過只剩灰燼不同，棉柔因為有化學纖維，燃燒後形成焦塊。生硬的焦塊讓人牴觸，於是更想買純棉衛生棉。這段強而有力的圖文展示，是張致瑋多次與研發專家討論、驗證的結果。

同理，一款牙膏能強力清除口腔細菌，但是刷牙前後，牙齒表面看來差別不大，怎麼證明清除效果？行銷人和研發專家溝通後，想出這麼一招：在牙齒塗上菌斑指示劑，有菌斑的地方會呈現紫紅色，刷牙後再塗，紫紅色變為無色，清楚證明效果。

這是另一種事實證明的方法：**無法直接證明商品功能時，可以做各種物理、化學實驗，用火燒、水泡、冷凍或使用化學試劑造成明顯差異，間接證明商品的功能。**

《事實證明——實踐練習》

市面上的紙巾多由木漿製成，一家公司開發竹漿紙巾，選用四川竹鄉沐川的優質慈竹，含有天然抑菌的「竹琨」成分，不加漂白劑，訴求對身體無傷害，對女性或嬰兒的肌膚更好、更健康。怎麼證明紙巾真是用竹子做的呢？作者列舉兩個事實：紙巾呈現自然的竹質纖維淡黃色，聞起來有股淡淡的竹香，讓讀者覺得比較可信。

這款紙巾最重要的賣點是「沾水不破、擦拭無紙屑」，這真是大家都需要的！大家都習慣用紙巾擦鼻涕，擦臉上的汗，有時會在臉上留下紙屑，別提被別人看到會多尷尬了。當媽媽為嬰兒擦屁股時，如果留下紙屑，容易讓嬰兒肌膚發紅，感覺不舒適。問題是，怎麼證明這個賣點呢？

請使用事實證明這項武器，寫一段文案，打消讀者的疑慮。

參考答案：最直覺的方法是直接測試。把竹漿紙巾沾上水，在手背上連續擦拭，驗證連續擦拭十下不會掉屑，並展示這個過程的動畫，讓讀者信服。也可以同步測試一張普通紙巾，展示不少紙屑黏上手背，透過對比讓讀者更喜歡你的商品。

令人意想不到的是，作者展示一個更震撼的事實：把竹漿紙巾和普通紙巾弄濕，覆蓋在高腳杯上，然後一枚一枚地往上疊一元硬幣。普通紙巾疊兩個就破了，而竹漿紙巾疊了十三枚硬幣還沒破，證明商品的堅韌度。很多讀者看到後心想：這紙巾的韌性已經接近布啦！作者是怎麼想出這個實驗的呢？就是用事實證明的兩步驟。

第一步：向研發人員確認紙巾弄濕後，中央區域能承受的重量為八十二公克。

第二步：找到熟悉事物一元硬幣，每一枚的重量為六．二克，紙巾最多能放十三枚，再多一枚就要破了。

爆款秘訣

- 事實證明的原理：列出一個關於商品的事實，不吹噓、不抹黑，公正客觀，讀者可以親自驗證真偽，以此來證明商品賣點，讓讀者感到信服。
- 事實證明的方法：先搞清楚商品性能的精確資料，再連結到熟悉事物。
- 當商品功能無法直接證明時，我們可以做各種物理、化學實驗，用火燒、水泡、冷凍或使用化學試劑造成明顯差異，來證明商品的功能。

技巧9、提供「貼心保障」，化解讀者各種後顧之憂

在運用暢銷、顧客證言、權威、事實證明這四種方法之後，文案會非常有可信度。你看著自己的作品，可能感覺已經很到位，讀者一定放心購買。且慢！其實，讀者還是可能有顧慮、會懷疑，甚至走人！你可能想問：「我已經寫得這麼詳細精彩，他們到底還在擔心什麼？」

即使你把各種文案技巧運用得天衣無縫，讀者還是會擔心這三類問題：

1. **商品問題**：收到商品後，覺得不滿意或沒有廣告上說的那麼好，怎麼辦？
2. **服務問題**：運費、安裝費由誰承擔？購買大型商品，是否包含宅配到府服務？
3. **隱私問題**：購買情趣用品、排卵試紙等隱私商品後，送貨時是否會被別人發現？

聰明的行銷人懂得主動提出並解決這些問題，讓讀者感覺自己毫無風險，而格外放心，於是願意掏錢下單。

《化解顧慮——範例：皇家紅寶石葡萄柚》

法蘭克是一位農場主，在美國德州種葡萄柚。多年來，他一直使用直郵行銷，擁有一批穩定的顧客。有了顧客基礎，他開始在報刊上投廣告，宣傳他的皇家紅寶石葡萄柚：「果實呈耀眼的寶石紅色，甜美多汁。不像其他柚子那麼酸，有種自然香甜」、「重一磅以上的大柚，飽滿多肉，皮薄漂亮，無凸起無雜色」，他表示，只有四~五%的葡萄柚，才有資格稱為皇家紅寶石葡萄柚。以一箱十六~二十個為單位，希望讀者立刻下單。

法蘭克的文案十分誘人，也很有說服力。但最大的問題是，由於他沒有知名度，讀者難免要擔心：這品牌沒聽說過，會不會騙我？如果葡萄柚沒那麼大、沒那麼好吃怎麼辦？如果不解決這些顧慮，不少讀者就會陷入煩惱，最後放棄購買。

○

讓我寄給你一箱皇家紅寶石葡萄柚。把其中四個放入冰箱，徹底冰涼後再切成小塊，讓你的家人嘗嘗這種不同尋常的水果。

你來判定，這是不是我所說的那種皇家紅寶石葡萄柚，吃起來是不是有我所承諾的那種奇妙滋味。你來評判一切。我有信心，你們全家人都會想要更多這種超級好吃的水果，並且要求我定期供應。如果這四個皇家紅寶石葡萄柚讓你覺得不錯的話，就留著剩下的水果，不然就把沒吃過的水果寄回給我，郵費我出，你不欠我一分錢。

記住，你什麼都不必支付，只需驗證這有史以來最好的葡萄柚的味道，甚至連驗證味道的費用都是由我來承擔的！

法蘭克提供貨到付款服務，讀者吃了滿意再付錢，不滿意可以全額退款，吃掉的葡萄柚不用錢。這完全化解顧客的風險，也顯示出他對自己葡萄柚的強大信心。

很多新品牌推廣時，會送顧客一小份試用包，顧客先用試用包，不滿意再退回正品並全額退款，這也是很好的售後服務。法蘭克用了類似的方法，但他的措辭更高明，他把這種方式形容為「什麼都不用支付，只需來免費驗證」、「費用由我承擔」，讀者幾乎找不到拒絕他的理由。法蘭克在《華爾街日報》刊登廣告後，收到大量訂單，陸續獲得八萬名顧客，發展成幾百人的大公司，這篇文案功不可沒。

《化解顧慮——案例1：周到的沙發售後》

很多人習慣網購，買沙發也喜歡上網找。選定款式後，顧客開始關心售後服務。有些商家寫得很簡單：寄送免運費、確認訂單後，急速發貨、不滿意全額退款。

讀者看完後還是會煩惱：貨是到物流站，還是到家裡？如果要從物流站送到家，還要收費嗎？沙發用幾年後壞掉怎麼辦？讀者當然可以向

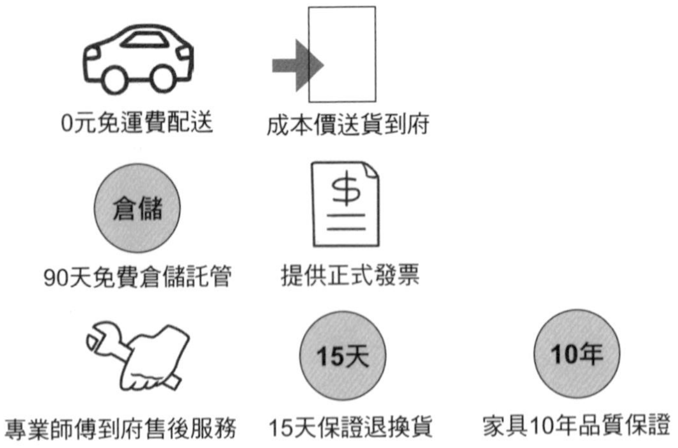

客服諮詢，但是這顯得很麻煩，影響到購物心情。

一些有經驗的金牌賣家是這樣寫的，如右圖。一段話把讀者顧慮都打消了，甚至還想到讀者可能忽略的事：如果裝修進度拖延，他可以把沙發免費寄存在倉庫裡，等裝好再搬進去，不但體現出服務周到，還讓讀者覺得賣家很有經驗，是賣過很多商品、很會服務的商家。讀者更願意在這種店下單。

《化解顧慮──案例2：周到的行李箱老闆》

王強（化名）的父親經營一家行李箱製造工廠。二〇一五年，他決定利用父親的貨源，在網上開店賣箱子。他展示一個動畫：汽車車輪碾軋過行李箱後，箱子很快復原，看上去毫髮無損，充分證明商品品質。

但是，王強的店仍是市場新面孔，讀者還是會擔心：如果我買回來後，感覺不滿意怎麼辦？實際沒那麼堅固，壞了怎麼辦？王強提供令人滿意的答覆。

○

顧客：王強！我收到旅行箱了，但是不喜歡怎麼辦？

王強：王強旅行箱提供十五天無理由退換貨服務，還贈送運費險，退換無煩惱。但畢竟您在人群中多看了我一眼，所以王強送的貼紙請您留下！禮輕情意重，下次有機會再來選購。

顧客：王強！我收到的旅行箱有問題，但急著用來不及退換怎麼辦？

王強：別著急，旅行箱您先用，旅行回來咱再給您寄一個全新的！

顧客：王強！我想問如果退換貨或者保固維修，運費誰來出啊？

王強：因品質問題退換貨、保修的運費王強都幫您出，只為讓您放心！

顧客：王強！退換貨太麻煩啦，還得自己送去服務據點，怎麼辦啊？

王強：跟王強說，咱和快遞有合作，快遞小哥上門取件，讓您足不出戶解決快遞問題！

顧客：王強，你妹妹是不是叫王小強，哥哥是不是叫七個隆咚強？

王強：別亂說，我爸會被我媽打死！我可是獨生子！哈哈哈哈……。

王強不但提出免費退換貨、免費保固，還主動表示可以贈送貼紙，承擔運費，上門取件，讓顧客「躺著」享受售後服務，顯示出他極大的熱情和周到的關懷，讓人感覺格外貼心。當顧客考慮購買風險時，難免有些擔憂的情緒，王強拿自己名字來開玩笑，讓人會心一笑，下單時沒那麼緊張了，掏錢自然也會爽快些。

王強二〇一五年才開始做電商，在大部分人看來為時已晚，但憑藉電商詳情頁強大的轉化率，他獲得大量訂單，如今已能做到月銷兩萬多個箱子，令人刮目相看。

《化解顧慮——案例3：情趣用品》

情趣用品已成為一個巨大的產業，購買前，讀者除了顧慮品質問題，還擔心洩漏隱私。某個情趣用品的詳情頁上，簡單地寫著「快遞單無敏感資訊，保護隱私」。

讀者看完，心還是懸著的。這麼重大的事情，怎麼感覺賣家只是輕描淡寫？萬一被同事看到，會是多麼可怕！寄到家裡，被室友、父母或公婆看到，也尷尬無比啊！

一個情趣用品老賣家從業八年，頁面是這樣描述的：

○

我們和您一樣痛恨洩漏隱私！三重保密包裝，捍衛您的隱私！快遞單不寫任何商品資訊，只寫姓名、地址、電話。

- 內層黑色氣泡紙包裹，隱藏包裝。
- 外層紙箱包裹無商品資訊。
- 快遞單無商品名與寄件人名稱，沒人知道裡面是什麼！

「痛恨」、「捍衛」帶有強烈的感情色彩，讓人立刻感到賣家和自己一樣重視隱私問題；三重保密包裝，感覺到貨後不會輕易露餡。其實，這家的包裝和別家沒什麼不同，但是這樣考慮周到的措辭讓人更放心，讀者當然更願意在他的店面下單。

爆款秘訣

- 化解顧慮的方法：主動提出讀者可能擔心的商品問題、服務問題和隱私問題，並提供解決方案，讓讀者更放心。
- 在文案中展現你對商品的強大信心、認真服務的態度，或輕鬆愉快地來個自嘲，都能提高讀者下單的機率。

「不管推銷員多麼機靈、廣告多麼精美，如果無法讓消費者採取行動，那麼在這上面花的錢都是沒有價值的投資。」

——德魯・艾瑞克・惠特曼

BUY

第3章

別讓顧客猶豫，3秒引導馬上下單！

文案怎麼收尾？別只寫優惠價，你得讓人迫不及待想下手！

運用前兩章的方法，我們成功激發購買欲望，也贏得讀者信任，接下來要為文案收尾。很多行銷人以為：「顧客想要買，又相信商品好，這下總該掏錢了吧！」於是，放上一段優惠文字，把公司促銷政策搬過來，潤色下語句，放上去，結束。他們不解釋價格是否合理，不幫讀者分析購買的利與弊，沒有煽動和號召。你也是這樣寫的嗎？

千萬別這樣寫，等於把快到手的訂單丟掉！我們切換視角，看看讀者怎麼想。

在看文案的大部分時間，讀者都很休閒隨意，一到文末，他開始緊張、認真了，因為他要做決定：「我要掏錢買嗎？」這是個重要決定！他不想隨便花掉辛苦掙來的血汗錢。剛才那種優惠資訊太簡單了，留給讀者很多疑惑：

「我真的要花這麼多錢買嗎？沒有這東西，忍一忍也能過，別浪費錢了吧！」

「這個價格是不是太貴了？我再找找，或許還有更便宜的。」

「這次優惠是不是最低的啊，還是要等節日特別促銷？」

讀者總結：沒必要現在買！這事不急，可以拖。心裡告訴自己：「再看看吧。」關閉頁面，走人。於是，忙工作、看劇，或找朋友吃大餐……。

你覺得讀者還會記得你的商品，特地回來購買嗎？很多時候，再看看就代表再也不看。

你費盡心機激發欲望、贏得信任，眼看讀者就要下單卻轉身離開。那怎麼行！為了幫你完成臨門一腳，我準備四種非常好用的方法，**引導讀者別拖了，馬上、現在、立刻下單！**

若你把這步寫得精彩，你會看到源源不斷的訂單衝進後台，無法控制你的喜悅！現在，我們看看「引導馬上下單」到底有哪些招式吧！

技巧10、設定「價格錨點」，用比較突顯商品的CP值

在文案結尾，很多行銷人會放上這樣的優惠資訊：原價X元，優惠價只要Y元（更低），馬上搶購吧！透過高低價對比，讓讀者感覺很便宜，這看起來很合理，但是讀者還有疑慮，怕購買後發現買貴了，不但心疼錢，還有種被宰的懊惱，因此他可能放棄購買，或是搜尋同類商品比價。一旦他這麼做，我們的訂單多半就沒了。**聰明的做法是，主動解釋價格的合理性，讓讀者吃下一顆定心丸，更放心地購買。**

《價格錨點——原理》

心理學中有個概念稱為「錨定效應」（Anchoring Effect），是一種認知偏差。它的意思是，人類在進行決策時，會過度偏重最早取得的第一筆資訊（稱為錨點），即

使這個資訊與這項決定無關。

假設你從沒買過西裝，你走進一家品牌店，店員拿出幾件給你試穿，告訴你價格在一萬兩千元左右。你猶豫不決時，他找出一件細條紋西裝，款式不錯，特價只要八千元，你會覺得好便宜啊！而真相是：店員故意先給你看最貴的，把一萬兩千元設為你的心理錨點，再拿出八千元款時，會顯得格外便宜。想一想：如果剛進門，他給你連看三件六千五百元的，你還會覺得八千元便宜嗎？

明白這個原理，我們就可以設置價格錨點：**主動告訴讀者一個很貴的價格，然後再展示我們的「低價」，讀者就會覺得很實惠。**

《價格錨點——案例1：榨汁機》

之前我們提過一款暢銷榨汁機，可以十秒榨汁、快速清洗，充分滿足現代人偷懶的需求。但是，這款榨汁機賣得不便宜，一台要一千三百元。在微信大號推廣時，這個價格如果不做解釋，讀者可能會懷疑它貴，並去電商平台搜尋，很快便會發現：六、七百元即可買到類似容量的機器，雖然操作比較繁瑣，但一些追求便宜的讀者還是會買。這時文案該怎麼寫，才能讓讀者覺得一千三百元不貴呢？

〇

現在市面上口碑不錯的榨汁機，最起碼都要兩三千元，貴的還要到四千元左右，但這款的價格真的非常親民，只需要一千三百元。

這個價錢，就是在外面喝十幾杯果汁的錢（還不一定是真果汁），卻可以讓你一年到頭，天天喝自己鮮榨的果汁，口味也可以隨意搭配！

作者說了部分事實。確實，市面上不錯的榨汁機都要兩千元以上，但比這款榨汁機容量更大，功能更強。由於大部分讀者並不熟悉榨汁機市場，作者有意設置這樣一個高價錨點，讓讀者感覺似乎佔了便宜，於是愉快地下單。有多少人會跳出廣告頁面，到電商平台搜索比價呢？恐怕不多，這樣做多麻煩啊！

大部分人讀廣告時，都處於休閒狀態，希望獲得明顯的結論，做出輕鬆的決策，

這時價格錨點就能發揮巨大的威力，引導讀者不假思索地下單。

《價格錨點——案例2：副總裁賣課程》

某個新媒體公司的副總裁研發一個課程，教大家如何營運公眾號，他寫了篇微信推文推廣課程，提出一個吸引人的主張「幫助新媒體營運者年薪翻倍」，並且講述親身經歷：從農村來到北京，一度自卑焦慮，在不斷摸索實踐下，不到兩年從大學畢業生當上公司副總裁，年薪超過兩百萬，並列舉自己操盤的專案來證明實力。

發售的難點是課程定價九百元，這個價格不便宜，當時國內一線的名人大咖全年訂閱專輯也只賣九百元，而他的資歷與大咖顯然無法相比。在新媒體領域，很多課程僅售三百元、四百五十元、六百元，相比之下，他的課程顯得比較貴。但是，他的課程有一大優勢：比競品詳實且全面，內容包括選題、編輯、策劃、排版等，在市面上很少見。他該怎麼寫文案，讓九百元看起來不貴呢？

○

市面上大部分九百元的新媒體課程，都只有短短十幾節課，僅包含整個新媒體知識體系的一部分。這次，我帶著滿滿的誠意，一次為你提供完整的九十節課，而且依然只賣九百元。

少吃一頓大餐、少看一部垃圾電影，你就能學到這個時代最賺錢的一項技能，讓你的薪水翻倍。目前已累計超過五萬人次學習，你還不來？

作者在市面上找不到比九百元更貴的新媒體課程，但是他聰明地與競品比數量，並特意指出：大部分九百元的課程只有十幾節課。這時讀者會開始約略地計算，將一節課等價為四、五十元左右。當他說出自己有九十節課時，大家感覺課程的價值起碼再高出上千元，但實際只賣九百元顯然很便宜。這個暗中設置的錨點讓不少讀者下決心付款，課程上市不久就售出九萬多份，創造一千多萬元的營業額。

《價格錨點——案例3：體檢套餐》

南方某城有一家體檢中心，由中國五百強企業創辦，實力強勁，上下共五層樓，空間寬敞明亮，擁有多台美國、德國進口的先進設備，生意穩定增長，客源不斷。

然而網購體檢套餐的顧客大多選擇A、B套餐，價格僅為一千三百五十元至兩千兩百五十元，而體檢專案更為全面的D套餐銷量不佳，三千六百元的價格偏高，不少人難以接受，導致企業客單價偏低，部分人員、設備閒置。

行銷總監老潘決定改進電商詳情頁，告訴讀者D套餐增加很多實用的檢查項目，而費用增加不多，性價比很高。除此之外，他還苦苦思索一條金句，能一說出口，就讓人覺得三千六百元不貴，你猜猜這句話該怎麼說？

○

現在開車，每年洗車、補漆、保養隨便都要花到上萬元。咱們每年花上萬元保養汽車，為什麼不花三千六百元保養自己呢？

一句話讓讀者啞口無言。是啊，我們的生命難道不比汽車貴重千萬倍嗎？那麼，為什麼要對它吝嗇呢？在這裡，老潘找了一個非體檢行業的錨點，用「保養」這個詞串聯起來，成功打動讀者。電商詳情頁改版後，支付轉化率提升四三％，每個月額外為公司創造數百萬營業額。這句話也列為推廣時的話術金句，每個銷售員都牢記心裡，每次顧客煩惱是否要買D套餐時，銷售員就脫口而出，同樣創造很好的效果。

爆款秘訣

- 價格錨點：告訴讀者一個很貴的價格，然後展示「低價」，讀者就會覺得商品很實惠。
- 設錨點的原則：在合理的邏輯下，越貴越好！
- 在本行業裡找不到錨點時，就從其他行業找，利用共通點進行連結對比。

技巧11、商品高價買不下手？幫他算出長期能省多少錢，證明商品很划算

當你要讀者下單時，他心裡會隱約地出現一個天平，一邊是商品價值，一邊是商品價格。當他確定價值大於價格時，才會下單。如果你讓讀者計算這筆帳，他可能放棄購買。與其讓他胡思亂想，不如用兩種方法讓他感覺很划算。

1. **平攤：**商品很耐用但價格偏高時，把價格除以使用天數，算出一天多少錢。
2. **省錢：**如果商品能節水、節電或替代其他消費，我們幫他算出，每年或十年內能替他省多少錢。當他發現自己可以很快「回本」時，就會覺得購買是划算的。

《算帳——案例1：洗碗機》

在家務中，洗碗是一件讓人討厭的事情。洗碗機堪稱解救家庭主婦的明星。某知

名企業推出普及型洗碗機，只要按個鈕，就能把碗洗得乾乾淨淨，讓人很心動。這款商品售價約一萬兩千五百元，屬於便宜的入門款，但是由於洗碗機是一種新鮮事物，不少女性還是覺得有點貴，一時下不了手。這時，文案該怎麼寫，才能讓她們下決心購買呢？

○

洗碗機的使用頻率比洗衣機還要多，一日三餐都有碗要洗。有了它，嬌嫩的手再也不用泡在油膩的碗裡了，冬季也不擔心凍手了。

現在家電都很耐用，一台洗碗機正常用都能用五年以上，以一萬兩千五百元的價格計算，每天只需不到七元。按現在的人力費用行情，七元上哪兒找打掃阿姨來幫你洗碗呢？只要七元，就能搞定洗碗這麼討厭的事情，每天多出半小時自由時間，你真的不想試試嗎？

把一萬兩千五百元拆解成每天七元，頓時顯得便宜。作者有意把七元與打掃阿姨服務費相比，現在阿姨上門一趟，一小時都要幾百元，相比之下，七元顯得微不足道！用七元買半小時自由時光，看起來很划算，甚至不買都顯得蠢，不是嗎？

《算帳——案例2：生態米》

市面上的白米可能殘留有害物質，有害人體健康。一家公司向消費者提供生態米，一個月配送七．五公斤，訂購一年的價格為一萬兩千一百五十元。讀者看到價格，會開始煩惱。他當然想要健康、天然、無污染的好米，但是要一次掏出一萬兩千一百五十元，總感覺太貴了。文案該怎麼寫，才能解開他的心結，讓他下單呢？

○

現在訂購我們的生態米，可以享受零售價七折的優惠，收割後穀子存在低溫穀倉裡，每個月按照府上的需求進行加工配送。

> 如果府上現在沒在吃生態米，擔心價格的問題，我算給您聽，其實每人每月大概多一百四十元就夠了，差不多等於一頓麥當勞的錢，很簡單吧？

如果生搬硬套「按天算帳」的方法，把一萬兩千一百五十元除以一年三百六十五天，我們會發現每天也需要三十三元，看上去並不便宜。

但是，作者察覺一個事實：白米是生活的必需品。即使消費者不買生態米，還是得花錢買普通米。於是，作者把「生態米一萬兩千一百五十元／年」減去「普通米七千兩百元／年」，得出每年增加四千九百五十元費用，除以一家三口十二個月，得出「每個人每個月大概加一百四十元，一頓麥當勞的錢」。和全家人的健康比起來，這一百多元顯得微不足道，讀者看完更心動了，很想按下「購買」按鈕。

《算帳——案例3：節水型淨水器》

某個老牌家電企業以製造冰箱聞名，如今也將商品線延伸到淨水器領域，他們的商品優勢是節水。淨水器在製造純淨水的過程中，難免產生廢水，這款商品產生的廢水特別少。在商品的電商詳情頁，他們這樣寫道：一般淨水器，一杯純水製造三杯廢水；我們的淨水器，一杯純水製造一杯廢水。

作者運用認知對比原理，突顯節水性能，但是總感覺太抽象，讀者不知道對自己有什麼直接的好處。行銷人經過思考，補上這麼一句話：

> 假設普通家庭每天平均用純水〇．二噸，使用別牌一比三的淨水器，產生廢水〇．六噸；使用廢水比一比一的淨水器，產生廢水〇．二噸，每天能節省〇．四噸，一年可節約水費約三千元。

這款淨水器售價七千五百元，一年省三千元水費，兩年省六千元，很快就回本。家電用個三到五年很正常，用得久就更賺了。這麼一算，讓讀者覺得很划算，於是更願意下單付款。

要讀者花一千兩百五十元買一個烤箱，他可能會有些捨不得，你可以幫他這樣計算：外出吃頓烤魚就要一千多元，吃烤雞、蛋撻等的價格也差不多，在家烤一次把錢省下來，用料還更放心，是不是很划算？同理，賣優酪乳機、榨汁機也能用這招，讓讀者覺得划算。

爆款秘訣

● 算帳方法運用：在讀者付款前，幫他計算一筆帳，讓他確定商品的價值遠遠大於價格，於是願意下單。

● 算帳方法一：把價格除以使用天數，算出一天多少錢，讓他感覺划算。

● 算帳方法二：如果商品能節水、節電或替代其他消費，幫讀者算出商品能替他省多少錢，讓他感到划算。

技巧12、想買不敢買？找正當理由，消除購物罪惡感

你是否有過這樣的經歷：你看到一款商品很精緻、很強大，能給生活帶來更多享受，你非常心動，但是它的價格有點高，於是你忍痛關掉頁面，放棄購買。

你的讀者也會這樣想。當你賣享受型商品，比如高檔音響、高檔數位商品、高檔家居用品時，他會嚴格控制自己的預算，結果可能就是不買！我們該怎麼辦呢？

《正當消費——方法運用》

有一種能引導顧客馬上下單的方法，稱為「正當消費」：**告訴讀者消費不是為了個人享受，而是為了其他正當理由，以消除他內心的罪惡感，讓他盡快下單。**

請看三個生活中的事例。

張大伯有輛電動車騎了五年，因為老舊而經常壞。昨天，電動車店的老闆勸他花一萬七千元換輛新車，他很心動，但節儉慣了，內心勸自己：「舊車修修還能騎。」

老闆看出張大伯很猶豫，說道：「你舊車前面空間小，孫女只能坐你後面，要是摔倒或是被壞人抱走了，你都保護不了。」他打開新車坐墊前方的兒童座椅，又說：「這樣你孫女可以坐在你前面，你隨時可以看到她。難道你不希望她坐得安全一點嗎？」張大伯雖然是出名的鐵公雞，但聽到這句話，心理防線崩潰了，十五分鐘後掏錢付了全款。

我向來喜歡數位商品，迷上了蘋果筆記型電腦，因為它的介面很美。然而，我內心很掙扎：「真的要花五萬多元買它嗎？原有的桌上型電腦好好的，還能用呀！」最後，我說服自己掏錢：「電腦介面美，我就會愛用，多用它讀電子書、寫作，促進個人成長後，再賺回這五萬多元，不是很簡單嗎？」

我的朋友小西大學畢業不久，她看上一件高檔連身裙，標價一萬兩千六百元，明顯超出她的消費檔次。店員得知她初入職場後，說道：「你肯定不希望同事還把你看作大學生吧？進入職場，穿得成熟優雅些，同事、客戶會更尊重你，給你更多機會。你至少應該有一套上班服，不是嗎？」這句話讓她無法抵擋，掏出了信用卡。

看，聰明的銷售員用這招引導我們消費，我們也用這招麻痺自己，讓自己爽快下單。那麼，在寫文案時，具體該怎麼用呢？首先，我們要知道正當消費包括四種：

1. **上進：**提升思考力與進修、發展能力、拓展人脈、發展事業等。
2. **送禮：**送禮品給好友、事業夥伴、家人藉以感恩；給心儀對象以獲取好感等。
3. **健康：**增強體質，減少疾病風險，消除患病痛苦。
4. **孩子：**確保孩子健康成長、品行端正、聰明優秀，有美好前途。

因此我們要告訴讀者，他買商品不是為了享受，而是為了這四件事，緩解他的罪惡感，讓他更爽快掏錢。

《正當消費——案例1：高檔檯燈》

李森（化名）是一家照明商品企業的副總，他發現國內的檯燈光線偏亮、偏白，看久了眼睛容易疲勞，並且照明範圍太小，導致閱讀時會不自覺地駝背。李森離職創業，研發出一款護眼檯燈，售價一千六百五十元。起初推廣文案是這樣寫的：

×

- 複合白光LED晶片，確保光源色溫適中，閱讀時眼睛更舒服。
- 白色防護罩，多層過濾柔化，大大減少對人眼的刺激。
- 照明範圍大，你可以和孩子共用，一起讀書寫作。

大力推廣一個月，只賣出一百多台，遠低於李森的預期。於是他開始做市場調研，發現大部分中國人對健康照明完全沒概念。大家都想要一盞好燈，閱讀時眼睛能更舒服些，但一報價格，很多人都覺得太貴了。這該怎麼辦呢？

○

你的孩子從上小學到高考，要經歷十二年寒窗苦讀，一款專業的護眼燈，將在四千三百八十個夜晚幫你保護他的眼睛。

現在，這盞檯燈在本平台首發，我們為你爭取到獨家優惠，原價兩千兩百五十元，粉絲專享價：一千六百五十元（限時搶購，售完即止）。

作為一個奶爸，我深深明白孩子沒辦法自己規劃未來。你現在做的每一個決定，可能都會影響他的一生。我想給孩子買再多的漂亮衣服，不如給他一雙明亮的眼睛。快把這款護眼神器帶回家吧！

看完這段文字後，很多人情不自禁地下單。行銷人回訪時發現，很多顧客從小近視，深知近視之苦。長大了想動手術，發現要數萬元的昂貴費用，還擔心手術失敗風險，害怕有後遺症。顯然，沒有哪個讀者希望孩子承受同樣的痛苦，如果買這盞燈能讓孩子不近視，或是少近視一百度，一千六百五十元又算什麼呢？

作者運用的正是正當消費技巧，讓讀者覺得這是正當消費，更爽快地下單。請注意這句話「給孩子買再多的漂亮衣服，不如給他一雙明亮的眼睛」，措辭非常巧妙，暗示著「別心疼這筆錢，少買幾件衣服，就夠買這盞燈了！」又推了讀者一把。這款檯燈在超過八十個微信大號上陸續推廣，獲得很高的銷量。

《正當消費——案例2：護頸枕》

吳倩（化名）畢業於美國常青藤名校，她發現不少職場人士有「睡不著、睡不好」的困擾，她率領名校研發團隊開發出一款護頸枕，能有效分散睡眠時的頭頸壓力。但是，它的價格真不便宜：一千八百元一個。逛超市時，一般的枕頭只要幾百元上下，花一千八百元去買枕頭，會不會太奢侈了一點？一旦這樣想，讀者就會退縮，於是放棄購買。文案該怎麼寫，才能扭轉這種想法？

○

我們一生三分之一時間都在枕頭上度過。很多成功人士知道，成功的秘訣不只是懂得努力，也包括懂得休息。白天，我們給自己設置高目標，把行程排滿，工作時分秒必爭，勞心費神；夜晚，我們急需一款好枕頭，躺下去幾分鐘就能睡著，舒緩頸椎壓力，避免落枕，一覺熟睡到天明。

你需要一款專業舒適的枕頭，幫助你睡好、睡飽，每天起床精神煥發，能量滿格地投入工作，高效率地產出好作品，更快達成自己的事業目標，不是嗎？

這段話打動不少人。很多人都有這樣的經歷：整晚睡不好、落枕，於是第二天起床後，昏昏沉沉，頸椎酸痛，嚴重影響工作狀態。一款好枕頭能提高睡好的機率，想想也挺有必要！這時，讀者心裡多了一個正當消費的理由：買好枕頭不只是為了舒服，也是為了自己的事業！如此一來，一千八百元就不再顯得奢侈了，等事業成功後，很快就能賺回這點錢。讀者心裡感到舒坦、罪惡感消失，於是立刻下單購買。

《正當理由——案例3：鮮奶麵包》

胖劉原來是資深媒體人，二十八歲時創業，他對吃十分講究，於是創辦自己的麵包品牌，從草原農場引進鮮奶製作麵包，質感濕潤，奶香濃郁，入口順滑甜美有嚼勁，香氣四溢。鮮奶麵包售價九十元，剛好是一家三口一頓早餐的量。

胖劉針對已婚女性展開宣傳。不少媽媽很想嘗試鮮奶麵包，但是售價偏高，相當於普通麵包的兩倍。如果吃慣了要天天吃，每個月要多增加不小的開支。需要花這麼多錢買早餐麵包嗎？如果不解答這個疑問，媽媽們很可能放棄購買。胖劉用一段文案打消這個疑慮：

○

一份鮮奶麵包只要九十元，一個三口之家，每人多花十五元就能一起享受優質早餐。鮮奶麵包奶香四溢、柔潤美味，讓孩子愛吃，多吃幾口，上課更有精神，個子長得更高一點，對媽媽來說，這就是每天實實在在的幸福！

媽媽都知道，小孩喜歡吃零食，不愛吃飯，總是吃個幾口就想跑，讓媽媽擔心：

個子長不高、上課肚子餓怎麼辦？如果鮮奶麵包真能讓孩子多吃幾口，就幫自己解決了難題。這時鮮奶麵包就不是奢侈的美食享受，而是孩子成長的必需品，是非常正當的消費，可以心無掛慮地下單。首批兩千份一掃而空，證實胖劉的洞察，他又推出夾著堅果、水果乾的新款鮮奶麵包，強調營養價值更高，更有助於孩子的發育，同樣大受歡迎。如今，胖劉的品牌已成為當地鮮奶麵包品類的領導者。

爆款祕訣

- 當讀者認為買商品是為了個人享受時，他就會謹慎，擔心太奢侈浪費，可能放棄購買。
- 正當消費：告訴讀者買商品不是為了個人享受，而是為了其他正當理由，消除他內心的負罪感，讓他儘快下單。
- 人們通常會這麼認為：為了「上進、送禮、健康、孩子」這四件事消費，屬於正當消費。

技巧13、強調商品「稀有程度」，引誘讀者快速下決定

人在掏錢購買時，會猶豫、拖延，甚至不了了之，而我們的目標是要他馬上買，那麼很簡單，告訴他不這麼做會吃虧。也就是說，告訴讀者優惠機會有限，錯過就會漲價，甚至銷售一空而讓他必須馬上做出決定。常見的形式有三種。

1. **限時**：如特價〇〇元，優惠截至六月三十日，七月一日起恢復原價△△元。
2. **限量**：〇〇份特價商品售完為止／前△△名預訂的顧客享額外好禮。
3. **限制身份**：本優惠僅限教師／大學生／本地居民……。

《限時限量——案例1：兒童繪本》

曾鵬（化名）經營一家教育機構，因為投資失敗，而急需一筆資金讓公司正常運

轉。這時，公司開發的一套兒童繪本剛定稿，這套繪本由日本教育大師和漫畫家合力繪製，反覆推敲故事情節，創作出一幅幅讓孩子愛不釋手的漫畫。曾鵬對書的品質充滿信心，讓他苦惱的是，他必須在兩週內賣出一萬冊，否則公司連薪水都很難發出去。在這套繪本的眾籌文案中，曾鵬要怎樣引導讀者馬上購買呢？

〇

用兒童繪本培養孩子開朗、上進、善良的性格，一頓飯錢，換孩子更多潛能！隨便一頓大餐＝九百元，換成這套繪本，還能找兩百三十塊。

此次發售價格

正式售價：一千一百二十元／套

眾籌價格：六百七十元／套　截至八月十三日二十四時整

六百七十元是個不高不低的價格，作者號召家長減少享樂消費，用於購買繪本培養孩子性格，把錢用在正當消費上，讓讀者覺得這筆錢值得花。「九百元還能找兩百三十元」這句話有些俏皮，讓人感覺活潑輕鬆，緩解讀者掏錢時的緊張感，又顯得六百七十元不貴。作者刻意將眾籌價格與正式售價的差距拉大，達到四百五十元，有意願的讀者肯定會選擇馬上買。細緻到月、日、時、分的截止日期，讓人感覺這項優惠政策是真的，不像是欲擒故縱的把戲，使不少讀者立刻下單。

最後，這套繪本賣出八千三百多套，雖然沒有達到預期，但曾鵬在朋友的資助下，有驚無險地渡過資金難關。

《限時限量——案例2：引流培訓課》

老鄭（化名）是網路行銷界的老鳥，他專精社群網站引流⑫，並靠這項能力成功操作幾個行銷專案，形成一套成熟的方法論。他決定將這項能力變現，創辦百萬客流培訓班，一次收費三萬九千六百元，仔細教學員實際操作方法。

老鄭希望招滿五十個學員，但三萬九千六百元不是一筆小數目，即使老粉絲也未必會很爽快地掏出這筆錢。深諳人性的老鄭，要如何引導讀者馬上下單呢？

○

本商學院的教學特點是「現場親身教到會」，學員學成後大展身手，搶了某些人飯碗，也打破行業潛規則。考慮到他們的飯碗問題，我們識相地決定：這次培訓，將是近三個月來的最後一期實戰培訓。

行動網路的世界瞬息萬變，轉瞬即逝，一個月＝一年，第四期就等於三年後再見！為確保教學品質，本次培訓同樣限額五十人，但又有三十四人提前付款預訂，所以僅剩十六個席位，能不能搶到位子，看你運氣了。

錯過這次，再等三個月，讓讀者意識到機會難得。「限額五十名，三十四人提前預訂」，使用之前提到的文案技巧：暢銷，說明報名踴躍，僅剩十六個席位讓讀者感覺時間緊迫，立刻下單，於是最終共有八十六人付錢報名。

《限時限量——案例3：助聽器》

一家上海的助聽器公司，在全市有四家配驗中心，銷售德國、美國、丹麥等歐美先進商品。為了拓展客源，他們大量投放廣告，試圖吸引聽力障礙者上門諮詢，購買商品。他們有幾款助聽器提供每副補貼兩百七十元的優惠。但市場上充滿各種優惠，顧客已經麻木了。文案要怎麼寫，才能顯得難得，機不可失呢？

> ○
>
> 二〇一六年度老年人聽力康復開放補助，進口助聽器每副補貼兩百七十元。力度較大，僅限六十歲以上市民享受，憑身份證領取，每日限八個名額。

如果文案寫的是兩百七十元補貼隨意派發，恐怕沒有人會把它當回事。但如果寫的是「六十歲以上」還要「憑身份證領取」，看起來門檻就高了，而且還要嚴格檢查，很多老人看到後感到慶幸：「我已經過了六十歲，還好我能享受！」

事實上，這家公司事先分析過客戶資料，發現九一%的顧客都是六十歲以上的老人，這個限制會損失少量客流，但能讓符合要求的老人動起來。平時，他們每天平均能接到八個老人的諮詢，打出這則廣告後漲到十二個，為四家店帶來更多客流。

爆款秘訣

- 限時限量：告訴讀者現在的優惠是限時限量的，迫使他馬上做決定。
- 告訴讀者不多的限量名額又被其他顧客提前預訂，而所剩更少，會激發他的緊迫感，促使他馬上下單。
- 設置享受優惠的身份門檻，會讓顧客覺得機會難得，更具吸引力。

注⓬社群網站引流意指，針對較可能對自家商品有興趣的網路使用者發送消息，吸引潛在顧客主動關注，有效率地增加社群網站帳號的粉絲數。

「吸引是情不自禁的。」

——大衛・迪・安傑羅 ⓭

CATCH

第4章

下標題有學問！這樣做就能讓他一眼相中你

為何廣告大師說：給我5小時寫文案，我會花3小時想標題？

下面有四個標題，選兩個你最想讀的。

「男子送女友BMW分手後欲討回，法院：贈與有效。」

「鼓樓傢俱城盛大開業，全場優惠五折起。」

「丹麥生蠔氾濫不要錢？中國記者實地調研：你想多了。」

「沒想到啊！這個清純女星婚後竟找男模尋歡。」

我敢打賭，你沒有選第二個。**廣告標題穿插在各種奇聞軼事之中，是多麼無聊啊！**寫標題時，你手邊有商品資料、賣點、優惠政策等資料，你難免會想把這些資訊精簡提煉再表達出來。在入口網站、資訊頭條等頁面上充斥大量平鋪直敘的標題，但這種標題和各種勁爆新聞貼身肉搏，一起搶奪讀者注意力時，幾乎沒有勝算！

標題的重要性絕不可輕忽。這個時代讀者少有耐心，通常只花兩到三秒掃讀標題，如果他不想點，就算內文精彩絕倫也等於零，對嗎？多位廣告大師表達過這樣的觀點：**「如果給我五個小時寫文案，我會花三個小時想標題！」**而我見過許多寫文案的朋友，想標題的時間都不會超過半小時，甚至花十分鐘匆匆一寫了事。

在一九六〇年代，廣告界前輩如大衛・奧格威、約翰・卡普斯⑭和丹・甘迺迪⑮等做過大量研究，他們一生中創作大量廣告，投放後監測市場回饋，包括閱讀量、諮詢量、優惠券使用量和銷售額等資料，並發現：有幾種類型的標題表現格外出色。

我四處收集公眾號、資訊流上的推廣業配文，歸納、統計它們的閱讀量表現，也採訪國內多位優秀行銷人，再加上總結自己職業生涯六百多次廣告投放的資料後，我發現大多數廣告大師的觀點，如今依然奏效，於是我在他們的理論基礎上，總結出五種強力標題類型，這些標題的閱讀量往往比平均值高出三〇%以上。

世上有無數種標題，其中這五種表現特別搶眼。想像你是禁軍教頭，我從茫茫人海中選出五名最強的功夫高手任你差遣，這感覺不錯吧？一起認識這五位選手吧！

注
⑬ David DeAngelo，知名的搭訕藝術家，提倡「自大型幽默」。
⑭ John Caples，美國廣告文案大師。
⑮ Dan S. Kennedy，美國知名行銷顧問與電視行銷節目製作人。

技巧14、借鏡新聞社論標題，塑造文章「即時感」

比起廣告，人們更愛看新聞。廣告商業味比較濃，大家看到就不想點，相比之下，新聞顯得更權威、更及時也更有趣。**身為行銷人，我們可以偽裝成記者，把廣告「化裝」成新聞，藉以創造更高閱讀量。**

我有個好友叫雞俠，他從美國引進防彈咖啡，飽含營養和能量，能幫助控制食量，保持身材。他準備在微信發佈這款咖啡，不過如果標題是以下這句：「新款咖啡飽腹感強，節食減肥神器」，你恐怕不會想點開。你會怎麼寫？

「矽谷二〇一七年新發明：喝這杯飽含油脂的咖啡，居然能減肥！」

雞俠回憶自己當初是怎麼關注到防彈咖啡，起因是一則科技新聞。傳統觀念裡，減肥就要痛苦地吃寡淡素食，但這則新聞顛覆這個觀念，因為防彈咖啡富含油脂，口感醇厚美味，還幫助多位美國商業大佬成功減重。

「誰說文案標題就要像廣告？新聞標題更能震撼讀者！」於是他靈機一動，寫下這條新聞社論式標題。他的公眾號當時閱讀量穩定在三千五百至五千次之間，這則標題發佈後三天，閱讀量高達七千五百五十六次，漲幅超過均值六五％。雞俠的防彈咖啡套裝售價三千八百二十元，價格並不低，但五百套仍在發佈一週內迅速售罄。

我們也可以使用雞俠的妙招，站在媒體記者的角度報導，把品牌廣告轉變成重點新聞，大大提升標題的吸引力。如何寫出富有新聞感的標題？需要三步驟。

第一步，樹立新聞主角。如果你的品牌不是家喻戶曉，我建議你不要以自家品牌名為主角，而是想辦法把你的品牌，與知名的品牌或人事物沾上邊，連結到新聞焦點，例如：明星地區（好萊塢、矽谷）、明星企業（蘋果、星巴克），以及明星人物（股神巴菲特、足球明星梅西）。

第二步，加入即時性詞語。例如：現在、今天、二〇一八年（當年年份）、耶誕節（當時節慶）、這個夏天、這週六等，因為人們總是更關注最新發生的事情。

第三步，加入重大新聞常用詞。例如：全新、新款、引進、宣佈、曝光、突破、發現、發明、竄紅、風靡等，能讓讀者感受到有大事發生。

《實踐練習——新聞社論式標題》

一個電商網站開設「購物頭條」版塊，發佈各類購物資訊導流。我的朋友坤傑負責營運潮鞋區，他每天寫各類文章，想盡辦法吸引讀者的點擊，標題有「什麼樣的籃球鞋讓你越穿越想穿？」、「當籃球鞋與時尚黑科技結合」，或是「任何人都能 hold 得住的時尚單品」，但反應普遍慘澹，九〇%的標題閱讀量不到一千次。

春節過後，該網站拿出幾款明星籃球鞋打六到八折促銷，坤傑打出這個標題：「明星籃球鞋六折起優惠大促中！」很快淹沒在茫茫資訊中，閱讀量只有三百多。

「二〇一七NBA全明星賽上場鞋照全曝光，有一款今天六折！」

坤傑打出這則標題後，文章閱讀量飆升到九千八百七十五次，暴增十倍以上！他回憶：「當時NBA全明星賽剛剛落幕，籃球迷都盯著球星腳上的鞋子，我心想，這個熱點我一定要抓！」於是他趕緊收集二十四位球星的鞋照，迅速整合成文章。「剛好有一款鞋正在促銷，於是我寫上今天六折優惠，今天這個詞，就是為了給讀者一種不可錯過的感覺！」這個標題，確實聚齊上述新聞社論標題的三個要素。

爆款秘訣

- 比起廣告，新聞顯得更權威、更即時也更有趣。因此我們可以把廣告化裝成新聞，藉以創造更高閱讀量。
- 新聞社論式標題＝樹立新聞主角＋即時性詞語＋重大新聞詞。

技巧15、對「你」說話抓住注意力，讓讀者立刻進入狀況

想像現在是週一下午三點，你和同事正在聚精會神地工作，一名推銷員走進辦公室，問道：「誰要辦信用卡？」你很可能不會理他。但是，如果他走到你的身邊說：「嘿，朋友，你要不要來張信用卡呀？現在辦送旅行箱哦！你看，玫紅色的，最近最流行的！」這時候，你還能置之不理嗎？

我們從小被教育：別人跟你講話時必須回應，這是基本禮貌。利用這個心理，我們就能寫出另一種激發高閱讀量的標題。現在忘掉你行銷人的身份，想像你是讀者的閨密或死黨，你正在和他聊天，聊得興高采烈！讓他感受到你的熱情，他會回報你更熱烈的回饋。

我經營一個微信公眾號「創意很關鍵」，兩年來不斷分享文案寫作技巧，聚集十萬名行銷人訂閱關注。有一天，我邀請張致瑋來我公眾號講課，他擅長微信業配文，

所產生的銷售業績是廣告費的五倍以上，在快消品⑯電商界名氣不小。

文案既是張致瑋的成名絕技，也是他的賺錢命脈，他不會輕易外傳。幸運的是，在他成名前，我和他就是很好的朋友，所以他爽快地答應了講課邀請。我心想：「我一定要讓讀者知道這堂課的含金量與可貴程度」，在紙上寫下一個標題：「微信文案大咖戰績輝煌，週六線上授課」。感覺太沒勁了，我把它揉成紙團丟進垃圾桶。

「他寫微信業配文賺了一千一百七十三萬元，願意從頭開始慢慢教你文案秘笈——只在這週六！」

當時我公眾號的閱讀量在四千至五千之間，我打出這個標題後，立刻點燃讀者的熱情，四天後閱讀量達到七千六百零三次，售出一千一百六十七張微信課程門票，和上一堂課相比，售票量幾乎翻倍。當天的課程，講師真誠分享、妙語如珠，聽課的朋友也不停點讚好評，原定九點半結束的課程，一直到十二點才結束，而這堂課程的成功，都源於這個優質的標題。寫這條標題時，我有意識地套用好友對話式的做法，事實證明，這種標題確實能引人注目。我是如何寫出來的呢？

第一步，加入「你」這個詞。對話中，所有人最關心的永遠是他自己。這週很多人對你說過話，你還記得哪幾句？我敢打賭，很多都和「你」有關，可能是主管說的

「這個方案你來寫」，可能是同事說的「你穿這件衣服很好看」，或是女朋友說的「累了吧？我幫你按摩一下」。為什麼「你」讓人忘不了？因為我們都是人，誰能不關心自己的切身利益呢？所以，在標題裡放進「你」非常重要。

第二步，把所有書面語改為口語，想像讀者就坐在你對面，你正和對方談笑風生。你不會對朋友說「文案大咖」，你會說「我那個朋友」或是「他」，你不會說「戰績輝煌」，而是「賺了一千一百七十三萬」，這些口語詞能迅速拉近你和讀者的距離。

第三步，加入驚歎詞。走進辦公室時，哪些同事會吸引你的目光？當同事看著螢幕驚歎地大叫，或是互相追打、大笑不止時，你是不是會情不自禁地想看看發生了什麼？興奮的情緒是一種「傳染病」，會吸引並感染所有人。在標題裡放入驚歎詞，讀者就會忍不住駐足停留，這些詞能給你啟發：親愛的！小心！注意！太嗨了！強！好吃到哭！羨慕吧！我驚呆了！等。

前文提到的課程直播只有一晚，錯過不候，所以我加入感歎詞「只在這週六！」大聲提醒讀者。

《實踐練習——好友對話式標題》

眼角很容易暴露年齡，因此很多女生會定期抹眼霜抗衰老。市面上的眼霜，有的不到五百元，有的要上萬元，該如何挑選？一家電商網站調研市面上八款主流眼霜，精心寫出一篇詳細的測評文章，分為「百元以內平價戰鬥機」、「中端價位爆款還能零差評」、「高價眼霜年輕人需要用嗎」三大版塊，順勢推廣該網站上的眼霜商品。如此用心編輯的內容，如果用這個標題：「市面主流眼霜測評報告」，顯然太過平淡，於是被讀者略過，令編輯的心血成果白費。

「恭喜你！在二十五歲前看到了這篇最最可靠的眼霜測評！」

這個標題打出後，兩天內創造十萬以上的閱讀量，迅速吸引許多路過的讀者。

我們嘗試拆解這個標題時，發現它是好友對話式標題的典範。首先，它放了「你」，一句「恭喜你！」引人注目，讓人好奇「為什麼要恭喜我呢？」標題不寫「職場新人」，而是寫「二十五歲前」，不寫「精心編輯」，而是寫「最最可靠」，也就是用口語拉近自己和讀者的距離，立刻讓讀者覺得很親切，好像一個活潑的閨密突然出現，揚揚得意地自誇著，把一份詳細的眼霜報告放在自己面前。

這種語調讓讀者會心一笑，也放下戒備心，帶著愉悅的心情點開內文。

爆款秘訣

- 我們從小被教育：別人跟你講話時必須回應，利用這一心理，站在好友的立場，用輕鬆的聊天口吻寫出標題，能創造高閱讀量。
- 好友對話式標題＝對「你」說話＋口語詞＋驚歎詞。

注

⑯ 即快速消費品，意指銷售速度快、價格相對較低的貨種，也可稱為民生消費性用品。

技巧16、抓住大眾切身需求對症下藥，讀者才會秒點閱

想像一個尷尬的情境：你禿頭了，幾縷稀疏的頭髮遮不住發亮的腦門，令你苦惱。有一天你到機場候機，正沉迷於玩手機時，廣播突然響起：「禿頭的旅客請注意……」，想像一下，這一刻你是不是會放下手機，驚訝地猛然抬起頭？每個人都有敏感在意的煩惱，可能是肥胖、皮膚粗糙，也可能是多年沒有升職加薪。**直接指出讀者的煩惱，就能迅速地吸引注意，接著馬上給出解決方案，這時他就會特別想看。**

李強（化名）是一名專業閱讀教練，他發現人們經過科學訓練，真的能做到「一目十行」，用幾天零碎時間讀完一本書，並且充分理解書中內容。他把訓練方法整合製作成函授課程，在網路上推廣販賣，標題為「李強教你十倍速讀」，結果反應平平。一位行銷界前輩告訴他：這個標題太平淡，缺乏吸引力。

「新年禮物——拖延症晚期也能一年讀完一百本書」

人們為什麼需要速讀？大家在讀書這件事上有什麼煩惱？行銷界前輩經過調研和思考發現：這門課的受眾以職場白領為主，職場競爭激烈，他們害怕被社會淘汰，買了很多書想充電，然而到家後，又常常鬥不過惰性，偷懶看劇玩遊戲，新書翻幾頁就不再讀。有一天，他們看著書堆積蒙灰，不禁為自己的拖延症感到懊悔。

針對這種普遍心理，行銷前輩建議李強更換新標題，直接點出「拖延症晚期」，迅速喚起讀者的懊惱情緒：「哎呀！我就是這樣」，並馬上提供「一年讀一百本書」的解決方案，對讀者來說如及時雨一般，能迅速吸引關注與點閱。這個標題在一個女性電商公眾號首次投放，投放後僅三小時，閱讀量就創下該號三個月以來的新高。

如何寫出一個精彩的實用錦囊式標題？

第一步，寫出讀者的苦惱。你的讀者有哪些普遍存在的苦惱？找出來，寫在標題裡，並且要說得很具體，不要寫「不擅演講」，要寫「一演講就緊張忘詞」；不要寫「身材發福」，而要寫「肚子一圈肉」。類似的好描述還有：噴嚏打不停、裝修累到快趴下、三十五歲還不是高階主管、股票被套睡不著等。

第二步，提供圓滿結局／破解方法。你先告訴讀者「你的煩惱，我懂」，緊接著說「我這有解藥」，讀者就會特別渴望知道答案。你可以給讀者一個「圓滿結局」，形容煩惱破解後的美妙效果，例如：「手殘女孩福利：五分鐘就能給自己換個新髮型」，許多女生看到這個標題，會感覺躍躍欲試，想知道如何快速弄出新髮型。

你還可以告訴讀者，你有破解方法，例如：「男友鏡頭裡的你特別醜？有這簡單三招就不愁」，很多女性讀者看到後，會拍著大腿說：「沒錯！我男朋友就是這樣，氣死我了！」接著她會很好奇：到底是哪三招？然後情不自禁地點擊閱讀。

《實踐練習——實用錦囊式標題》

某個金融網站雄心壯志地推出一款理財商品，號召家庭裡的財政大臣妻子定期投資，以低風險獲得穩定收益。這家網站撥出一大筆廣告費，準備在都會女性媒體大規模投放業配文廣告。如果標題照常規寫「已婚女性首選理財商品隆重登場」，吸引力明顯不足，這筆巨額廣告費投放後很可能石沉大海。

「你和老公總是存不了錢？央視理財專家給你三個建議」

這家網站的行銷人經過調研發現，目標讀者的普遍煩惱是：夫妻花錢沒有規劃，平時隨意消費，面對孩子教育、父母醫療等大額開銷壓力時，才發現存款不足，導致焦慮。所以標題第一步寫出「存不了錢」直戳讀者痛點，讓讀者感受到「這就是我的煩惱」。第二步提供破解方法：「央視理財專家的建議」，讓讀者好奇並點擊閱讀。這個標題投在各大媒體上，閱讀量都表現突出，成為業內的經典案例。

當你用具體問題＋破解方法來寫標題時，我建議你想辦法引用權威專家的「破解方法」，更能激發讀者閱讀的興趣。你的女性讀者想瘦出腹肌？她會對名模的建議感興趣；你的讀者想成為傑出創業者？他會對成功企業家的建議感興趣。

這些範例會給你靈感：「時尚集團總監：妙用掛燙機，百元貨燙出奢侈品質感」「當耳鼻喉科醫生噴嚏不停時，他們總是會做這三件事！」等。

爆款秘訣

- 直接指出讀者的煩惱，接著馬上給出解決方案，能迅速吸引讀者目光。
- 實用錦囊式標題＝具體問題＋圓滿結局／破解方法。

技巧17、限量是殘酷的！用商品亮點+限時限量+明確低價，打造熱門商品

現在各行各業，每逢節日都要舉行促銷，沒節日時也要製造節日來做促銷，優惠類標題是我們最常寫的標題。多數人會放上促銷政策，再加一句煽動號召，但這樣寫效果好嗎？

一個專門進口海外商品的淘寶賣場推廣德國淨水壺，打出標題：「德國淨水壺五折優惠」，認為主打德國品質就能讓人有信任感，並且五折的價格是難得的抄底價，應當具有殺手鐧的效果。這個標題投放後，閱讀量表現平平，讓他們大失所望。

另一家賣場推廣同一款淨水壺，投放這個標題，這樣寫吸引力是不是增強許多？

「今天免郵——二・五億人在用的德國淨水壺半價四百元」

這個標題精心構思，試圖讓讀者衝動點擊。今天免郵，看來是個限時的活動。二・五億人在用，哇，賣得真好，這麼多人用我怎麼不知道？德國的商品居然才四百元，

感覺挺便宜的！在好奇和期待下，讀者點開標題，獲得不錯的閱讀量和銷售量。

第二個標題比第一個強在哪呢？首先我們必須明白：雖然貪便宜是人類天性，但人們不喜歡滯銷商品。絕大多數人都喜歡人氣旺的商品，當暢銷貨突然優惠時，人們會更想衝動購買。所以寫優惠標題時，**第一步不是急著報價，而是告訴讀者商品的最大亮點：銷量高，功能強或是明星青睞、媲美大牌**。

這些詞會給你靈感：夏季爆款、暢銷八年、護膚榜前十名、黑色星期五銷量王、二〇一六年度人氣王、櫻花妹人手一瓶、賓士血統、英國女王御用等，這些都是吸引點擊的利器。上述標題中，「二．五億人在用」表明商品非常暢銷，在全世界都獲得廣泛認可，讓讀者有信賴感並且想一探究竟：什麼樣的淨水壺這麼厲害？

第二步，寫明具體低價政策。人氣商品「半價四百元」，代價很低，容易讓需求顧客心動。寫優惠類標題時，不要籠統地寫「優惠」或「大促」，而是寫出具體優惠政策，甚至直接寫出價格，比如：免費、省下五百元、買一送一、三百元搶到、只要銅板價等。不要寫「歐美當紅款包包超低價秒殺中」，而要寫「ＩＮＳ上魘瘋了的設計師包包，居然只要一元！」這樣更有吸引力。

第三步，限時限量。有了前兩步，顧客可能「想買」，但他未必想「現在買」。

「今天免運」暗示著明天買就要多付運費，這讓讀者緊張起來，情不自禁地更想點擊閱讀。

你可以試著在標題裡營造稀缺感，告訴讀者優惠是限時限量的，觸發讀者害怕失去優惠的情緒，以下這些詞能給你啟發：限時一天，三小時後漲價，最後機會，教師專享、三十份售完為止等，你可以靈活變通，用在你的標題裡。當然，如果公司確實沒有這類優惠政策，就省略這一步。

《實踐練習——驚喜優惠式標題》

一個國產配飾品牌剛創建不久，知名度不高，銷量也不突出。商品優勢是由大牌設計師設計，款式時尚，材質精美，但是寫到標題裡：「精緻配飾新品大促銷，性價比超高！」感覺卻很平淡，難以吸引人點擊。

「忘了Tiffany，花兩千元你就能買到這些吸睛配飾！」

第一步，寫出商品亮點。由於商品沒有明顯特色，作者故意用大牌奢侈品作為參照，暗示商品有很好的品質和設計感，刻意製造亮點「Tiffany」來吸引注意力。你可以利用同樣的方法，將商品與知名品牌、人物掛鉤，激發讀者更高的閱讀興趣。

第二步，寫出明確低價。相較於奢侈品動輒四、五千元的售價，兩千元讓人有佔便宜的感覺，產生低價淘到好商品的期待感。

由於當時公司沒有限時限量的優惠政策，因此第三步略過。

爆款秘訣

- 貪便宜是人類天性，但人們不喜歡滯銷商品。當暢銷貨突然優惠時，人們會更想衝動購買。
- 驚喜優惠式標題＝商品亮點＋明確低價＋限時限量。

技巧18、文案也可以像小說？善用落差營造戲劇效果，勾起讀者好奇心

人類天生愛讀故事。想想你身邊正在發生的事：休假時人們蜂擁到電影院，置身於精彩故事的情境中；行業聚會時，大家圍坐飯桌旁，最愛議論的是大佬的創業故事；打開網路書店，各類小說銷量總是長盛不衰。毫不誇張地說，人類離不開故事。

我們可以把廣告標題包裝成故事標題，增強吸引力。故事來源於生活：品牌創始人有過怎樣離奇的經歷？顧客使用商品後有何感觸，哪些事讓他驚喜？不妨把這些寶貴的故事素材寫進標題裡。**意外故事有兩種寫法：顧客證言和創業故事**。

《意外故事——方法1：顧客證言》

我的朋友老劉是一名銷售高手，他先後在三星、IBM等大公司擔任大客戶經

理，業績不俗，在業內小有名氣。但是大公司裡高階主管職位僧多粥少，難以晉升。三十三歲時，他毅然辭職創辦培訓機構，指導業務員如何搞定大客戶並拿下訂單。

「我做銷售的很多方法和別人不一樣，甚至截然相反！」老劉對自己的課程內容很有信心，他充滿鬥志，要給學員帶來顛覆式的銷售方法。他聯繫了十多位自媒體圈的好友，請他們在微信大號上宣傳自己的培訓課程，他寫下標題「銷售老司機教你獨特的拉單戰法」，卻被好友們一起潑了冷水：「現在公眾號裡，到處都是熱點新聞、八卦事件，你這麼普通的標題怎麼能和它們競爭？」老劉啞口無言，陷入了沉思。

老劉找上我：「老關，我這標題該怎麼寫？」我詳細詢問他的課程特色和培訓成果，一個學員故事讓我印象深刻：他參加老劉的培訓班後，確實地執行課堂上所學內容，由於方法特別，一度遭到同事嘲笑，但他不為所動地貫徹到底，結果竟在公司年會上登上頒獎舞台，領取年度銷售冠軍的獎盃！我如此建議：「你的業配文就以他的故事開頭，而且，標題以他的口吻來說！」於是，我為他寫下下面這個標題。

「同事嘴裡『愚蠢的絕招』，讓我成為公司年度銷售冠軍」

讀完這個標題，讀者心裡可能冒出各種疑問：什麼招會被同事稱為「愚蠢」？同事為什麼要這麼露骨地嘲諷「我」？怎麼用愚蠢的方法取得成功？於是立刻點擊標題去尋找答案。如何寫出一個精彩的顧客證言標題？

第一步，描述糟糕開局。花錢認真學的方法，被同事說成「愚蠢的絕招」。

第二步，展現圓滿結局。當讀者預期「我」將痛苦失敗時，話鋒一轉，告訴讀者自己成為公司銷售明星，與「糟糕開局」形成強烈反差。

這樣寫有兩個好處，第一，前後反差巨大，引起讀者強烈好奇，誘導讀者點擊。第二，很多人看到糟糕開局後，心裡會有優越感：「他條件比我差都能辦到，我更沒問題！」於是對商品更有信賴感，這種心態有利於成交。

《實踐練習——顧客證言式標題》

某個自媒體主打職場技能培訓，簽下一位國際演講冠軍為導師，開發一門共十堂課的課程，教職場新人演講，從入門、熟練到精通，成為瀟灑大方的演講高手。

這個自媒體公司組建一個六人團隊，為這門課程準備精美的影片、文案、平面視覺材料，群策群力，誓言取得空前的成功。如果他們用這個標題：「這門課程讓你學會大方、自信地演講」，你會點閱嗎？

「我從小口吃，昨晚兩萬觀眾聽我演講，持續鼓掌五分鐘！」

這個顧客證言標題立刻激起讀者的好奇：口吃的「我」如何精通演講？兩萬人的演講在哪舉行？「我」說什麼讓觀眾鼓掌這麼久？這個演講方法能否為我所用？好奇和期待引導讀者情不自禁地點擊。這個標題乍看與「愚蠢的絕招」標題不同，實際運用的是同一個構思方法，先描述一個糟糕開局「我從小口吃」，緊接著放出圓滿結局「兩萬觀眾聽我演講」和「持續鼓掌五分鐘」，製造巨大反差，不但戲劇性十足，而且給讀者一劑強心針：「我沒有口吃，應該能演講得更好！」

《意外故事——方法2：創業故事》

如果我們賣的是快速消費品，例如：鮮花、蛋糕、衛生棉、美食等，該如何寫顧客證言式標題呢？你會發現很難寫得好。如果按照「糟糕開局＋圓滿結局」的方法，標題寫出來可能是「抑鬱的我吃了抹茶蛋糕，現在快樂得飛上了天！」這太誇張了啦，快消品哪有這種功效？不用擔心，我們另有方法：**在創始人身上找靈感**。

前面我提過好友張致瑋的事，他和另一位原為大眾汽車銷售高階主管的好友一起創辦網路衛生棉的品牌。如果平鋪直敘他的創業故事，標題大概是這樣：「大眾汽車高管辭職創業，做不一樣的網路衛生棉」，似乎沒什麼看點。

「這個大男孩做了款衛生棉，男人居然爭著用它來表白！女人搶著用它秀恩愛」

這個標題投在一個文藝的微信大號上，一舉做到十萬點閱率。這篇文章以創始人的真實故事為主線，講述了一個大男孩心疼女朋友皮膚過敏，創業做衛生棉的故事，贏得眾多女生的認可，評論區滿是好評。

張致瑋告訴我，創業故事標題最重要的是製造反差。大男孩做女性私密商品衛生棉，衛生棉本是經期用品，卻被男生拿來表白，被女生拿來秀恩愛，一個標題裡藏著三個反常事件，吸引讀者點擊進去一探究竟。想想你們家品牌的發展歷程中，有沒有什麼反常事件？你能製造怎樣的反差吸引讀者？下面是四個製造反差的思路。

1. **創始人學歷和職業反差：**「北大高材生賣豬肉」、「矽谷回國賣小龍蝦」以及「初中學歷成電商傳奇」等。

2. **創始人年齡反差：**「八十歲老翁自創美妝品牌」和「高中生獲千萬融資」等。

3. **創始人境遇反差：**「繪圖美編成當家網紅」、「網癮少年變身千萬富豪」以及「從破爛辦公室到年賺十三億」等。

4. **消費者回應反差：**「中國網遊征服阿聯酋土豪」和「讓大媽迷上跳街舞」等。

《實踐練習——創業歷程式標題》

兩位清華畢業的高材生，大學時主修汽車製造專業，後順利進入中國賓士工作，一路升上高階主管。但他們的志向不在高薪，而是創辦一家獨具特色的燒烤居酒屋。一開始他們連生菜和高麗菜都分不清楚，經過不斷學習和探索，打造出一家汽車主題餐廳：入口用紅綠燈顯示是否滿座；牆上佈置著實物車輪組合、工程製圖、鍋爐烤箱等，充滿濃厚的工業氣息。他們請來米其林二星餐廳的廚師親自操刀研發菜單，開業後便獲得很好的口碑，營業額每個月都在快速增長。

這家店有很多亮點，足以整合成精彩的創業故事文章。在一家知名入口網站，我看到編輯寫下這樣一個標題：「某某燒烤居酒屋開創餐飲行業新模式」。這種標題看似厲害，其實卻無法觸動讀者，註定被茫茫資訊淹沒，無人知曉。

「賓士汽車總監辭職賣烤串，半年月銷從二十七萬到一百三十五萬」

同樣報導這家居酒屋，另一篇文章標題如右，一度在社群網站廣為流傳，文章不僅介紹居酒屋的特色，還用一句話總結：「賓士品質、大眾價格」，成為當時全國餐飲界熱議的話題。報導同一家居酒屋，為什麼上一個標題無人問津，而這個標題卻引人注目呢？秘訣還是製造反差。

讀者看到這個標題，心裡會很好奇，首先賓士汽車總監應該是西裝革履的優雅形象，而賣烤串更像是小攤販做的事情，這兩者放在一起形成巨大的反差。接著，營業額增長如此之快，他是怎麼做到呢？他如何將賓士公司的歷練心得運用到賣烤串？一個個問號推動讀者點擊標題，到內文裡找出答案。這就是製造反差的威力所在。

爆款秘訣

- 人類天生愛讀故事，因此把廣告標題包裝成故事標題，能增強吸引力。
- 顧客證言式標題＝糟糕開局＋美好結局。
- 創業故事式標題＝學歷、年齡、境遇等反差。

「好藝術家會模仿，偉大的藝術家會『偷』。」

——畢卡索

第5章

透視4篇「狂銷」案例，讓你一窺文案高手思路

學高手巧妙組合18個技巧，創造爆款銷量

恭喜你，看到這裡，你已經讀過七十一個精彩的文案範例，我相信你的眼界一定比以前更開闊。很多你困惑的難題，已被其他高手巧妙化解，看到他們的精彩表演，一定能帶給你很多靈感。

但是我要提醒你：光看是沒用的。**你必須大量使用這些文案方法，才能真正吸收、內化到你的思維裡**。下頁是我為你準備的一張思維導圖，寫一篇文案時，按以下流程完整走一遍，認真確實地執行，我相信你會看到自己寫出完全不一樣的作品。

需要再次提醒你的是，這四個步驟裡，第一步「標題引人注目」和第四步「引導馬上下單」通常各出現一次，一頭一尾，出場順序是固定的，而第二步「激發購買欲望」和第三步「贏得讀者信任」都會出現多次，並且交替出現。一篇銷售型文案的框架結構通常不是「一二三四」，而是「一二三二三二三四」。

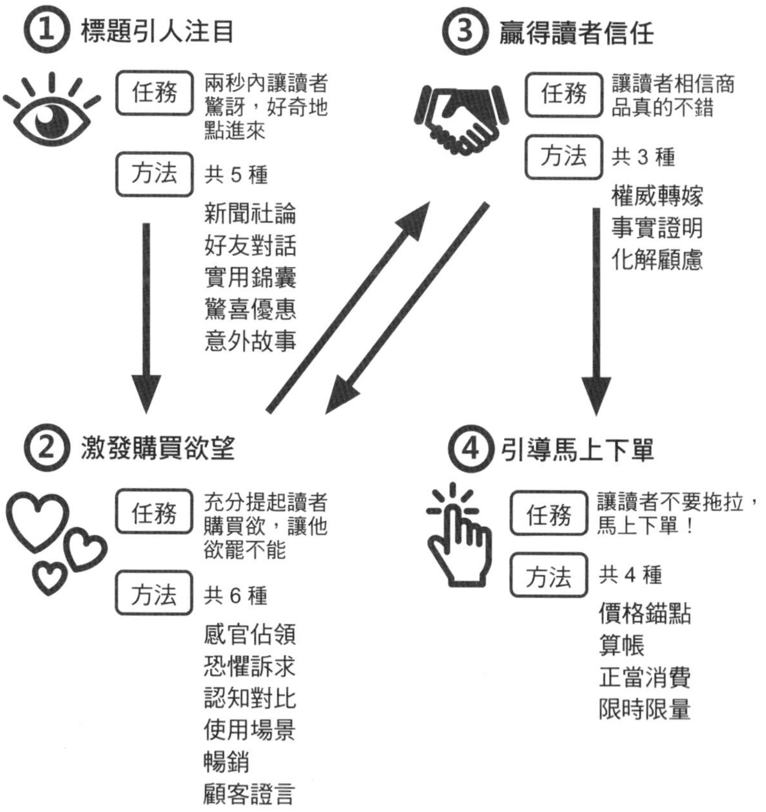

①標題引人注目
任務
兩秒內讓讀者驚訝，好奇地點進來
方法
共5種
新聞社論
好友對話
實用錦囊
驚喜優惠
意外故事
②激發購買欲望
任務
充分提起讀者購買欲，讓他欲罷不能
方法
共6種
感官佔領
恐懼訴求
認知對比
使用場景
暢銷
顧客證言
③贏得讀者信任
任務
讓讀者相信商品真的不錯
方法
共3種
權威轉嫁
事實證明
化解顧慮
④引導馬上下單
任務
讓讀者不要拖拉，馬上下單！
方法
共4種
價格錨點
算帳
正當消費
限時限量

你可能會說：看起來都很有道理，但還是不會用。

別擔心，接下來，我將展示幾篇完整的文案範文，並為你逐字逐句地詳細分析，點破作者的背後意圖。你馬上就能一窺高手的思考方式，知道他們如何一步步把商品賣爆！

是不是很想看？四篇完整的精彩範文就在後面，翻開下一頁吧！

案例1、行動電源文案怎麼寫，才能讓銷量暴增13倍？

南孚是中國知名的電池品牌，不過該公司也有其他商品線。經過市場調研，他們發現很多消費者抱怨行動電源太大、太重，甚至戲稱為磚頭，攜帶不便。二〇一六年，他們推出一款小巧的行動電源，試圖在競爭激烈的市場中開闢一片新藍海。

新商品上市後以天貓為主要電商陣地，購買平台廣告位增加曝光，為商品詳情頁引流。遺憾的是，大批流量進入頁面後，卻很難轉化為最後的支付訂單。他們聘請了行銷專家陳勇老師與南孚市場部成立重點專案組，要大幅度提升頁面的支付轉化率。

《商品賣點》

在推廣初期，他們對行動電源的定位是「應急行動電源」，主打這四個賣點：

1. **短小精悍**：放在包裡，完全不佔空間。
2. **纖細可人**：直徑相當於一元硬幣。
3. **輕巧便攜**：隨身攜帶，輕如無物。
4. **外型精美**：前期主打「彩色膜貼工藝」，之後升級為「陽極氧化工藝」。

《四步驟分析》

◎標題引人注目

這篇文案在電商平台投放，標題要根據平台的關鍵字熱度等因素決定，與本書寫業配文的標題邏輯不同，在此不表。

◎激發購買欲望

二〇一六年開始賣行動電源，在很多電商人看來入場太遲。當時，行動電源在中國已經非常普及，大城市裡幾乎人手一台，而且大家心裡都有自己中意的品牌。

問題來了：如何說服消費者再買一台，而且是他們沒用過的行動電源新品牌？

◎贏得讀者信任

陳勇和南孚市場部做了詳細的資料分析和調研，認為消費者的核心需求有兩個：**一、要夠小巧輕便。二、電量要夠用。**

詳情頁的主要目標，就是讓顧客相信商品能做到這兩點。

小巧是這款商品最大的亮點，它長九．二公分，直徑二．一公分，重量為七十克，初期推廣時，文案是這樣描述的：「單手可握，放在包裡不佔空間」。問題是這樣講還是太模糊。到底有多小？讀者想像不到。

電量是這款商品推廣初期輕描淡寫的話題。一台沒電關機的 iPhone 6s，用它充電最多可充到九五％。如此小的體積，能充這麼多電已屬不易，但是消費者並不這麼認為，他們會覺得連一次都充不滿，很可能放棄購買。如何讓顧客相信電量夠用？

◎ 引導馬上下單

這款商品的售價為兩百元，逢節慶會小幅降價優惠。這個價格基本上人人都買得起，倒不是什麼難題。總結這個詳情頁的三大難題：

1. **如何讓有行動電源的顧客再買一台，並且還願意嘗試新品牌？**
2. **怎麼讓顧客相信商品夠小巧？**
3. **怎麼讓顧客相信電量夠用？**

我們看陳勇和南孚市場部如何一一破解。

《範文解析》

◎激發購買欲望

考慮到顧客瀏覽網頁時的心態較為隨性，因此，陳勇和南孚市場部先放上一幅漫畫，運用**【恐懼訴求】**的方法，詼諧地吐槽傳統行動電源。

- **痛苦場景：**下班後約會、聚餐或逛街一整天時，都要長時間使用笨重的行動電源。
- **嚴重後果：**如果不解決這個問題，以後還是要拿著磚頭受罪！

陳勇和南孚市場部經過消費者調研，發現這三個場景是發生頻率最高的，因此寫在文案裡，有更大勝算能打動讀者。

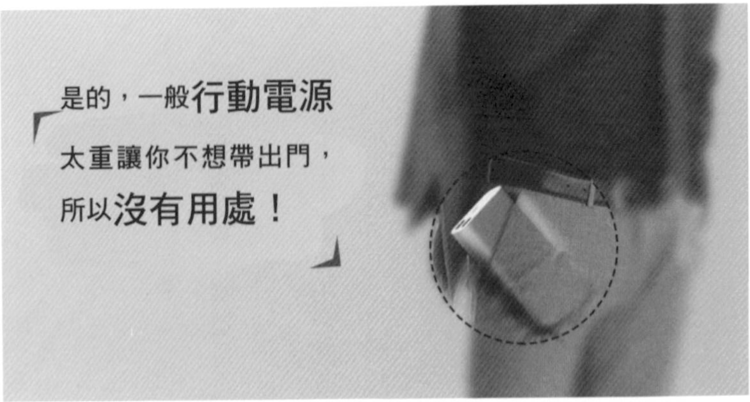
是的，一般行動電源
太重讓你不想帶出門，
所以沒有用處！

◎激發購買欲望＋贏得讀者信任

頁面顯眼處大大打上：「熱銷！刷爆各大媒體頭條的迷你行動電源！」運用**【暢銷】**這一武器，激發讀者好奇心和購買欲，想知道商品到底有什麼特色，能如此受歡迎？

此外也放上各大知名媒體的報導頁面截圖，用**【權威】**為商品背書，讓讀者感覺大媒體都在報導，品質應該不會差。

◎激發購買欲望

經典的**【認知對比】**運用：先指出競品的缺點，再展示自己的優點，會顯得自己格外好。

請注意一九〇頁的圖，行動電源把口袋塞得鼓鼓的，又醜又難受的樣子是不是很熟悉？這裡，陳勇和南孚市場部再次展示一個痛苦場景，引導讀者放棄「磚頭」行動電源。第二張圖指出理想行動電

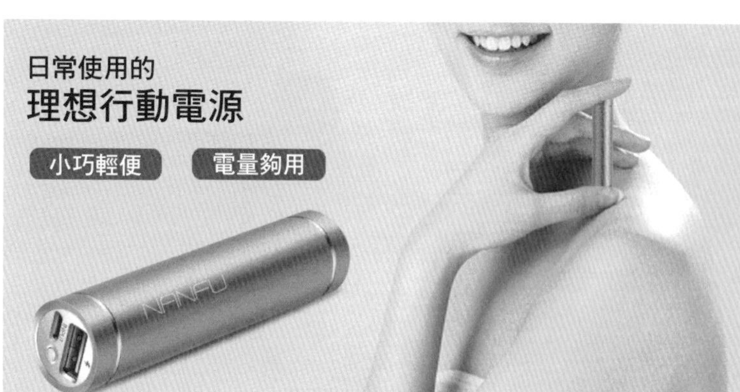
日常使用的
理想行動電源
小巧輕便
電量夠用
NANFU

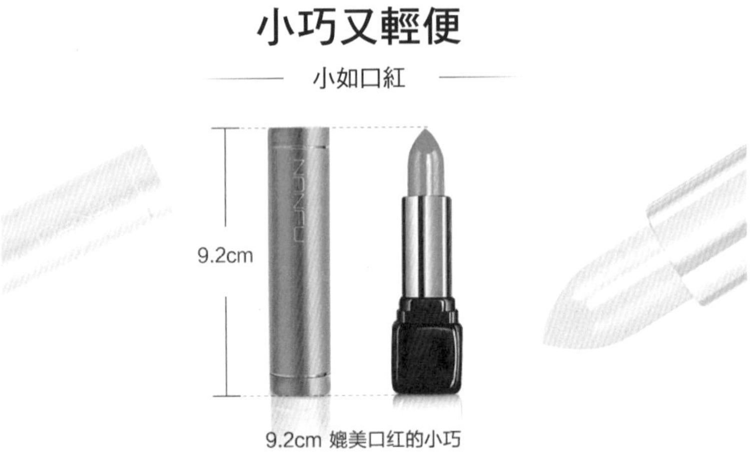
小巧又輕便
小如口紅
9.2cm
9.2cm 媲美口红的小巧

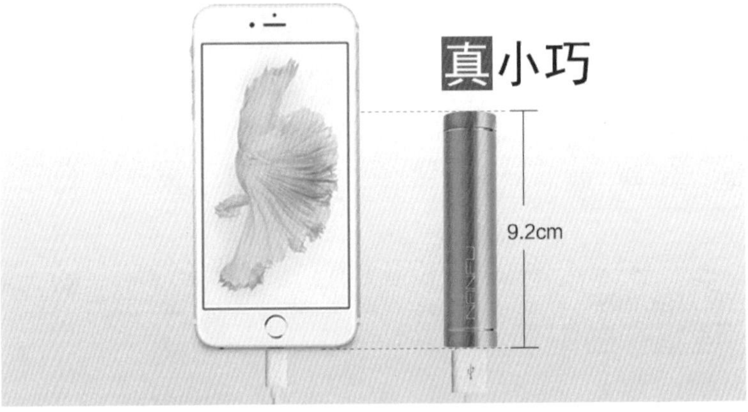
真小巧
9.2cm

源的兩大特性，暗示自己的商品就擁有這些優點。

◎ 贏得讀者信任

下一個難題是：南孚行動電源的尺寸是九．二公分×二．一公分直徑的圓柱體，確實小巧，但隔著螢幕如何讓讀者感受到？總不能讓人拿尺來量吧？

一句「小如口紅」，讀者秒懂了，瞬間想像出商品的全貌，運用**【事實證明】**讓讀者相信：啊！真的夠小！為了幫讀者進一步確認這件事，右圖展示當時正熱門的 iPhone 6s，把它和商品放在一起，讀者可以看到，這款行動電源的長度僅是 iPhone 的三分之二，讀者拿出手機目測一下，就能想像到商品的尺寸。

接下來，陳勇和南孚市場部要解決另一個棘手的問題：這款商品只能把 iPhone 6s 充電到九五％，無法完整充滿一次，怎麼讓讀者相信電量夠用呢？

從零充到九五％感覺有缺憾，但他們機智地換了個角度，告訴讀者能從電量警示輕鬆充滿，這聽起來舒服多了。在大部分人的認知裡，外出用手機，能充滿一次，應該就夠用了。這句話看似簡單，背後有兩點深刻的消費者洞察：

1. 無論 iPhone 還是安卓手機，當電量低於二〇％時都會警示，大家這時會感到缺乏安全感，開始想充電。

2. 很多人認為：不要等完全沒電才充電，對電池不好，在警示時就要充了。

所以，當他提出「從電量警示輕鬆充滿」時，讀者並不會覺得奇怪。

不過很多讀者是第一次見到這麼小的行動電源，難免會懷疑：它真能從電量警示充到滿嗎？如果我買回來，發現只能充到七〇%怎麼辦？

陳勇和南孚市場部讓專業機構出具檢測報告，用**【權威轉嫁】**證明電量夠用。做過檢測報告的朋友都知道，報告檔又長又複雜，消費者看起來很吃力，因此他們特地將結論放大，並加紅字解釋，讓讀者一目了然。

這裡要請你注意一個細節：南孚的總部在福建，因此找福建的機構做檢測，如果只是寫上這家機構的名稱，讀者就可能心生質疑。有的讀者逛其他商品頁面時，看到過國家級專業機構開出的檢測報告，因此會質疑：省級機構的報告可靠嗎？

他們在機構名稱後，緊接著補上解說：中國最早創立的省級品檢院、全國數一數二，讓讀者放心，消除質疑。我們曾提過，借勢權威時一定要突出權威的含金量，這就是一次標準的示範。這時，讀者就相信電量肯定夠用了嗎？未必。當時主流的行動電源電量有一萬五千毫安培，能充滿手機好幾次，而這款商品只能充約一次，還是會有人質疑。如何解決這一問題呢？

讀者擔心電量不夠用，但這種擔心其實很籠統。陳勇算了筆明白帳：我們用手機，無非是上網、通話、看視頻等用途，那麼就把它們列出來，看看到底能用多久？結果發現，最耗電的上網，充滿一次也夠用九個小時，意味著傍晚六點出門，即使一直上網，也能用到凌晨三點，對大部分人來說肯定夠了。文案裡強調「夠用一天」，讀者也能理解，因為出門一天回到家或旅館，就有插座充電。看來是夠用的！

到目前為止，文案已經讓讀者相信商品夠小巧、電量夠用，核心需求獲得滿足，這時是不是就萬事大吉了呢？還沒有！

行動電源經常要在社交場合拿出來，因此外觀很重要，有些商品用久會刮花、泛黃，讓人「掉身價」，我們該怎麼讓讀者相信這款商品不會這樣？這款商品的表層採用陽極氧化工藝，很多行銷人會把它的特色「擁有良好的耐熱性，硬度和耐磨性極佳」寫進文案裡，但這樣講聽起來像是自吹自擂，讀者會感到懷疑。

陳勇和研發人員仔細溝通，在討論中，他發現 iPhone 6s 也是用這種工藝，一句「與 iPhone 6s 一致的陽極氧化工藝」，將知名手機的工藝權威性轉嫁到自己的商品上，讓顧客相信商品很耐磨，而且覺得工藝很高級。

這個技巧很常見，也很好用：當你的商品擁有特色工藝時，使用專業術語介紹，讀者可能聽不懂，你必須將它連結到權威事物或高科技事物上。對於一款指甲剪，可以說是日本外科手術刀材質，讓讀者相信它不生鏽，經久耐用。對於一款假牙，可以說用於太空梭機身，讓讀者相信它耐高溫、耐腐蝕、耐磨損。

看完以上內容，很多讀者都會認為這款商品不錯，可以結束了嗎？不！陳勇和南孚市場部經過調研發現，部分顧客還有以下顧慮：

1. **頁面上都舉例 iPhone，我家的安卓手機、智慧手環、平板電腦能充嗎？**
2. **這款行動電源安全嗎？這些年有些行動電源事故的新聞，滿嚇人的呢！**
3. **我經常出差，這款行動電源能帶上飛機嗎？**

針對以上三點，文案中也詳盡地一一破解，例如：「採用智能技術，自動檢測電子設備的內部管理芯片，調節輸出電量，支援市面上大部分電子設備的充電接口」、「符合民航行動電源攜帶標準」等，直接明瞭地**【化解顧慮】**，讓讀者感覺到：我擔心的，這個品牌都考慮到了，於是安心地點下「購買」按鈕。

《銷售資料》

還記得一開始的文案嗎？「小巧輕便，輕鬆放進口袋」，讀者看完還是想像不出它有多小，「應急行動電源」的定位，讓人覺得沒必要買，因為「應急」是個陌生概念，讀者想不到哪些場景需要應急，自然也就不會買了。

而新版文案提供具體的使用場景，主動提出顧客的兩個核心需求，一一滿足，並且給了讓人信服的證明，使得頁面支付轉化率提升二・一四倍！**這款商品原本的月銷量不到一千筆，新版文案上線後增加廣告投放，兩個月後，月銷量增長至一萬兩千八百八十三筆，增長十三倍以上！**這款行動電源也成為南孚新一代暢銷商品。

案例2、我如何用一篇業配文，成功打開新創啤酒品牌的知名度？

聽我嘮叨了這麼久，你想不想看看我寫的賣貨文案？兩千三百四十七個字，賣一種看起來很簡單的商品：啤酒。

幾個月前，我的手機突然響了，是一個來自北京的陌生號碼：「嗨，老闆，我是強亞東！」我沉默了幾秒，好耳熟啊。啊哈，我想起來了，那個業內人稱「全中國最會取名字的人」！他策劃的烤鴨外賣品牌「叫個鴨子」讓人過目不忘，品牌名很契合商品，帶著色情暗示，讓人很想笑。今天他來找我，是需要我做什麼呢？

他說：「我做了個精釀啤酒品牌，叫斑馬，但我們的文案沒找對方向，投放之後效果不太理想，需要你的幫助！給我你的地址，我給你寄一箱，你先嘗嘗！」接著，他花十五分鐘為我簡單介紹啤酒小知識，講了商業啤酒的缺點、精釀啤酒的優點，但我沒立刻答應。啤酒品牌何其多，我必須先確認商品確實有賣爆的潛力。

很快地，強亞東寄來整整二十四瓶啤酒。我將幾瓶放進冰箱，傍晚拿出來喝。我平常不怎麼喝酒，啤酒在我看來都差不多，但這瓶酒一打開，我就發現它不一樣：一陣香氣飄來，倒進酒杯裡，金黃色的酒液，泡沫堆得很高，喝一口，感覺到喉嚨、食道都冰爽透涼，味道新鮮、順口、香醇，總之就是好喝！我決定接下這個專案。

《商品賣點》

市面上大部分價格較低廉的啤酒，都是商業啤酒，釀酒原料普遍不是很好，所以喝起來沒味道，也不好喝。相比之下，精釀啤酒原料好，工藝好，也更好喝。斑馬啤酒的第一版推廣文案標題是「好看的皮囊千篇一律，有趣的靈魂萬裡挑一，啤酒也是」，大部分篇幅都在闡述精釀啤酒各方面的優勢：

- 原料之大麥芽：進口澳大利亞東南部墨累—大令河流域種植的大麥，澳大利亞的大麥在全球數一數二，就像新疆吐魯番出產的葡萄一樣頂級，釀出的啤酒特別棒！
- 原料之啤酒花：德國哈爾陶地區的酒花，人稱哈爾陶珍珠，屬於啤酒花中的上品。在賦予啤酒特別香味的同時，也延長啤酒的保存期，是天然的防腐劑。

●原料之酵母：酵母是健康的活的生物，含豐富的維他命B。

●釀造工藝：德國認證的啤酒釀酒師，三十年啤酒釀造經驗，掌控每一個細節。從製麥到包裝，斑馬精釀全線採用德國克朗斯釀酒設備，造價不菲，堪稱啤酒生產線中的「勞斯萊斯」。

第一版文案寫得很用心，措辭精煉，但是犯了一個很多人都會犯的錯——羅列賣點，以為將商品賣點講得詳細、精彩，讀者就會掏錢下單，但真相是：不會！

按照爆款文案的四步驟來分析，我們就會發現：標題太文藝，不夠引人注目；激發購買欲望的篇幅太少，讀者看完並不很想買；光靠描述商品的原料、工藝來贏得顧客信任，說服力不夠；沒有任何引導馬上下單的文案，讀者自然不會想馬上掏錢。

《四步驟分析》

說了人家這麼多壞話，該輪到我上場了。我會怎麼寫呢？答案就藏在四步驟裡。

◎標題引人注目

首先我想了一輪好標題的五種句式，還記得它們嗎？新聞社論、好友對話、實用錦囊、驚喜優惠和意外故事。亞東提出一個要求：不要寫創始人故事。他說：「這個品牌我打算做二十年以上，我希望大家記住的是斑馬，而不是某個人。」

所以我排除意外故事，在剩下四種裡，我發現好友對話挺合適。人們想喝啤酒時，通常處在放鬆、隨意的狀態，因此用聊天的方式引起人們注意，聽起來很自然。

◎激發購買欲望

首先我要釐清：人們為什麼想喝好啤酒？我首先想到的是「好喝」。美食、飲料是一種剛性需求，幾乎每個人都需要，而且需求很強烈，但這顯然不夠。

我翻開通訊錄，找出五六位愛喝啤酒的朋友，和他們一一聊天，我發現「好奇嘗鮮」是買酒的另一個強烈動機。他們都有自己常喝的品牌，但也都很喜歡嘗試新品牌，甚至會去買啤酒「集錦裝」，就是請賣家隨機發來一箱酒，裡面有六到八種未知品牌的啤酒，體驗驚喜的感覺。因此，好奇嘗鮮是第二個需求。

我也和身邊的一些文案高手探討過，他們認為，人們喝酒有滿足「優越感」的需求。很多精釀啤酒愛好者，多多少少都會因為自己喝的是有歷史、有文化的好酒而自豪，有的人會在酒桌上大秀自己的啤酒知識，有種上舞台表演的自豪感。

我曾經想把這種優越感寫進文案，但後來我發現，對於大多數人來說，這種自豪感最好藏在心裡，直接說出來顯得刻意、矯情，惹人厭惡，於是我放棄描述這一點。

◎贏得讀者信任

我有大量能贏得讀者信任的素材，例如前文提到的原料、釀酒師、釀酒工藝等，但有一個問題始終困擾著我。假設我已經說服讀者放棄商業啤酒，選擇精釀啤酒，那麼對他來說，他為什麼要選擇斑馬？他為什麼不去買外國品牌？

精釀啤酒發源於歐洲，在美國蓬勃發展，大家都認為它屬於歐美生活方式的一部分，更信任歐美的牌子。斑馬精釀的原料、製作工藝都不錯，但它是中國品牌，釀酒師也是中國人。現在進口商品盛行，憑什麼讓讀者信賴國貨、購買國產啤酒呢？

◎引導馬上下單

這個步驟我並不很擔心。斑馬啤酒的售價不貴，平均一瓶酒約五十四元，大部分人都能接受。我只要運用一些技巧，讓這個價格看起來更便宜就行了。

《範文解析》

◎標題引人注目

「在全世界暢銷了五百多年，冰鎮喝爽到想哭的啤酒，你想嘗一口嗎？」

什麼啤酒在全世界暢銷五百多年？極少人能答出來，所以我用這段話開頭，留給讀者一個懸念，吸引他點進來。當時是盛夏季節，全國各地都熱得冒煙，冰鎮啤酒有超強的誘惑力，我把它放進標題，作為第二個吸引人的「鉤子」。

普遍認知上，別人問話時要回答。我利用這個心理向讀者發問：「你想嘗一口嗎？」回答當然是想啦！於是很多讀者就會點進來一探究竟。你可能會疑惑：這款啤酒明明剛上市發售，為什麼說它暢銷五百年？往下看就知道了。

請問：你喝什麼牌子的啤酒？

這篇文章偏長，如果讀者覺得沒意思，他隨時可能關掉，因此我在內文每個階段都設置懸念，吸引讀者情不自禁地往下讀，這句話是我設置的第一個懸念。

在讀者看來，這個問題很突然也很有趣，消費類話題一直都是大家愛聊的，比如去哪玩、去哪吃、穿什麼、用什麼等，這個問題同樣能勾起讀者興趣。

這個問題要放到三年前，答案無非是那些超市常見的品牌。如今，你會發現這些酒大家還喝，但是越來越多人開始喝進口酒，說到理由，大家常說四個字：精釀啤酒（Craft Beer）。精釀啤酒這兩年越來越熱門，已經從傳統強國德國、比利時和英國蔓延開來，征服美國、澳大利亞，在中國也火速發展。這讓人很好奇：

- 到底什麼是精釀啤酒？
- 它和我們以前喝的啤酒有什麼區別？

當時我們做了小範圍調研，發現不少人已經喝過進口啤酒，也聽過精釀啤酒，但不瞭解實際上的意思。於是我拋出兩個關於精釀啤酒的問題，引起讀者往下讀。

接下來，我將用最通俗的語言告訴你答案，並推薦一款好喝不貴的精釀啤酒。

這句話看似不起眼，其實非常重要。我寫的第一版文案裡沒這句，在文章中間才提到要推薦斑馬，讀者回饋表示很突兀，並且感覺不悅：「哼！搞了半天是廣告啊！」於是我提前預告，讓他有個準備，之後看到商品推薦時，心裡就會舒服很多。

◎激發購買欲望

啤酒行業的最大內幕

用大規模設備大量生產，幾十元一罐的，大多都是商業啤酒，它和精釀啤酒到底有何差別？

- 工業啤酒：為了降低成本，摻入稻米、玉米來代替麥芽，因為更便宜！為了加快生產速度，在發酵過程中加熱，把原本需要一、兩個月的發酵時間，壓縮到十天左右，導致酒無法充分發酵。這樣釀出的啤酒，麥芽汁濃度偏低，口感很淡，被啤酒愛好者稱為「水啤」（淡得像水）。部分商品含有不良物質，喝多了容易頭痛。

- 精釀啤酒：使用純麥芽釀造，不摻入任何廉價食材，充分發酵一、兩個月，麥芽汁濃度高，口感醇厚，香氣十足！喝醉了通常不會上頭，酒醒後感覺良好。

商務應酬時，我們沒辦法，必須陪著喝水啤。自己做主時，為什麼不試試精釀？

在這一部分，我運用**【認知對比】**激發讀者購買精釀啤酒的欲望。我對商業啤酒的批評正中靶心，很多讀者回饋：「難怪商業啤酒不好喝！」也有人恍然大悟：「原來啤酒是這樣釀出來的！」看完這段話，他們對精釀啤酒更加好奇。畢竟好啤酒價格差距也不到太大，口感、品質卻完全不同，試著買幾瓶，有何不可？

精釀啤酒款式非常多，大家經常會問：「哪一款比較好喝啊？」

我又拋出一個讀者關心的問題，繼續鎖定他的注意力，你可以看到，我在每個階段都埋了懸念，讓他馬不停蹄，一路看下來。

其實每個人口感喜好都不一樣，這並沒有標準。市面上常見的精釀有這三種，看看你喜歡哪種？

第一種口感清淡，加入橙皮、香菜籽等食材發酵而成，水果味、香料味濃，有人很喜歡，也有人覺得香料味怪。第二種喝起來又濃又苦，例如精釀愛好者常說的司陶特、IPA等，重口味的老玩家非常喜歡，但是大多數普通人喝一口就覺得太苦，喝不慣。我今天向你推薦的是斑馬精釀啤酒，它屬於第三種，德式小麥啤酒。

事實上，精釀啤酒有成千上萬種，但我只介紹最常見的三種，把事情簡化，讓讀者讀起來很輕鬆。請注意，當我介紹另兩種酒時，我並沒有貶低它們，這樣做會讓它們的支持者反感，認為作者不客觀，為了賣自家商品亂說。

我介紹時不捧不貶，第一種市面上很流行，很多人都喝過，無須多說，第二種確實太苦，可以排除掉，那麼適合讀者的自然是第三種：德式小麥啤酒，也就是斑馬賣的這種酒。這樣寫，我便能自然地過渡到商品介紹。

前面兩種酒屬於個性選手，有人愛，也有人不喜歡。德式小麥啤酒則像是精釀裡的「大眾情人」，大多數人喝完都覺得不錯，至少不會排斥。

德式小麥的主食材百分之百是麥芽汁，不能摻稻米、玉米，也不能摻任何水果或香料，一定要釀出濃郁的百分之百純麥汁酒液——德國人心中的純正好味道。

在這裡，我第一次提出精釀大眾情人這個概念，它源自我做功課時的思考。斑馬這款酒屬於德式小麥啤酒，只用純麥芽釀成，相比之下，其他精釀啤酒花樣較多，有的加了水果，有的加大量啤酒花，有的加較多烘烤麥芽，味道相對比較特殊，因此常有人說喝不慣。所以我的主張是：你可以喝各種口味的精釀啤酒，但是這款味道經典，廣受歡迎，是你最可能喜歡的，你不妨一試！

當你把斑馬精釀倒進杯子裡時，你會發現酒液呈格外鮮亮的金黃色，不深也不淺，就像它的口感，不濃也不淡，有一種恰到好處的平衡。

第一次入口時，舌頭會嚐到醇厚濃郁的麥芽味，你會突然發現，原來麥芽可以這麼香！它比商業啤酒、果香精釀都更濃郁，但不會太苦，苦味會在你的舌根一閃而過，緊接著滲出一種類似蜂蜜的甘甜，鼻腔裡瀰漫著麥香味，久久不散。

商業啤酒喝起來有種煮熟開水的沉悶感，而且很澀，入口有刺、麻等不適感，而當你喝德式小麥啤酒時，你會感覺酒格外透涼、生鮮，像剛榨好的蔬果汁還加了冰塊，口感柔和順滑，「咕咚咕咚」一口接一口喝完，三分鐘幹掉一瓶毫無壓力。

這款酒放了三種德國進口啤酒花，當你鼻子湊近聞時，除了能聞到麥香味之外，還能聞到淡淡的鮮花香和熱帶水果香，讓你感到放鬆，心情也跟著愉悅起來。

我們分析過，人們買酒的一大需求就是好喝，問題是，如果我寫香濃美味之類的形容詞，根本打動不了讀者，這該怎麼辦？

我掃了一遍激發購買欲望的五種方法，**【感官佔領】**用在這裡太合適了！我從冰箱裡取出一瓶斑馬，再次仔細品嘗一遍，又打電話給釀酒師，分析它的口感特色，並用感官佔領描繪出看到的模樣、聞到的酒香、嘗到的酒味、心裡的感受等，讓讀者充分感受到喝一瓶冰鎮好啤酒真是爽！

傳說中舉世聞名的德國啤酒，就是這種百分之百純小麥精釀，從一五一六年《德國啤酒純淨法》頒佈開始，它已經持續暢銷五百多年，一直是全球高銷量酒型之一。今天你就可以買到它，想不想試一下？

這段話也源自我做功課時的發現。當我讀到一五一六年小麥啤酒已經在德國盛行時，我有些吃驚，沒想到這種酒歷史如此悠久。釀酒師告訴我，它一直是全世界最**【暢銷】**的酒型之一。於是我強調這個話題，告訴讀者：有一種酒暢銷了五百多年，而你一口都沒喝過，為什麼不試試？

如果寫到這裡，我就號召讀者下單，他心裡會有個很大的疑惑：既然德國小麥啤酒這麼好，我為什麼不買更正宗的德國品牌？是時候解決這個該死的問題了。

中國人最愛喝哪種精釀？

不同款的德式小麥精釀，濃淡、香味各不同，中國人最喜歡的是哪一種？為了揭開這個謎底，斑馬團隊想出了一個「笨」方法：攔路人，請喝酒！「桌上放八杯酒，沒有瓶標，只寫著一號到八號，喝完請人排序，哪款好喝，哪款不好喝。」

這個測試持續了六個月，在幾個大城市鬧區共找了兩千四百三十七個路人測試，前後測了三十六款酒，十八款自行研發、十八款市面上的進口酒。

這款德式小麥綜合得分是最高的，八款酒比拚的時候，大致上都是前三名。

◎贏得讀者信任

斑馬啤酒在上市前進行長達半年的配方測試，在團隊成員看來，這是習以為常的工作，沒人想到把它寫進文案裡，而我「旁觀者清」，這是多好的話題啊！「盲測啤酒」對於大多數人來說很新鮮、很有趣，這款酒能在盲測中打敗進口酒，穩定躋身前三名，足以證明它受歡迎，我使用【**暢銷**】技巧，讓讀者更信賴這款酒。

在這一段裡，我找出進口酒的軟肋。德國產的小麥精釀固然正宗，但正宗不等於好喝！很多人都有這樣的經歷：嘗試性地喝外國酒，發現要不太苦，要不太嗆，實在喝不習慣。德國人以固執聞名，他們會為了迎合中國人搞盲測、做商品改進嗎？不可能！這樣分析，國產背景反而成了優勢。

「很多路人喝完進口酒，都說太苦了，喝斑馬就沒反映這個問題。」大部分男生的評價是「麥香味濃」、「口感飽滿」、「非常順口」，女生的評價就比較簡單：「好喝」、「很香」、「很新鮮」。

我特地問了負責盲測的同事，瞭解到當時受訪者的常見評價，把它們具體列出來，運用**【顧客證言】**進一步贏得讀者的信任。

斑馬團隊這才定下配方，開始低調發售測試，以下是部分顧客的評論回饋。

「喝了這個就不想喝商業啤酒了。」

「說不出哪裡好，但是值得一試。」

「買來試喝看看，非常好。開瓶是麥芽香，喝後完全不想再碰廉價品牌，口感差太多了。」

商品發售的第三週，斑馬收到第一個德國人的訂單。這位顧客來頭不小：德國施泰根博閣酒店的總經理弗蘭先生。身為五星級酒店的總管家，他嘗遍全球好酒，是位骨灰級玩家。他的評價是：「純正的德國味，還有種神秘的東方香甜。我很喜歡！」

在顧客證言中，專業人士的證言總是格外受人關注，例如：權威牙醫說某款牙刷好用，我們就會格外想買；警察局局長說某款防盜門很難撬，我們也會格外相信。

我在與斑馬團隊溝通時發現，斑馬啤酒恰好有這樣一位專業顧客，身為德國五星級酒店的總經理，他要篩選、採購全球各地的美酒，品酒能力無須懷疑。我立刻請團隊聯繫到他，採訪他品酒的感受，並寫進文案裡，這不僅是很好的**【顧客證言】**，也是一種**【權威轉嫁】**，讓讀者進一步相信斑馬啤酒好喝。

大家評價不錯的斑馬精釀，一瓶要多少錢呢？

先看它的團隊和工藝：由釀酒大師陳宏釀製，他是德國杜門斯啤酒學院院長曾特格拉夫一九八九屆得意弟子，三十年經驗親自釀製；全線採用價值三．二億元的德國克朗斯釀酒設備，四十八項指標嚴格檢測；除了水之外，原料全部是進口的：澳大利亞進口淡艾爾大麥和小麥，德國進口特種焦香小麥，比利時進口經典酵母，再由德國許爾酒花研究院引進啤酒花。

前一版文案大篇幅地描述原料、釀酒師、工藝，而我在訪談消費者時發現，大家對這些內容並不感興趣，如果太早寫這些，讀者會覺得很無聊。所以，我將它們精簡後放在結尾，用來突出商品價值。為什麼在文章快結束時，才來突出商品價值呢？

◎引導馬上下單

斑馬精釀團隊介紹，達到這種工藝標準的純小麥精釀，普遍在七十二元以上。

「其實也不貴，就是一杯咖啡的價格。發售階段我們提供特價，一瓶五十四元。」

我要開始談錢了，當讀者感受到商品的高價值後，再報出一個不高的價格，他就會覺得便宜。注意到了嗎？我在這裡設下**【價格錨點】**。進口德式小麥啤酒品牌很多，價格也不一樣，有的一瓶七十二元，有的八十元，有的九十元……，我不想列太多，那樣會混淆讀者，於是簡單概括為「普遍在七十二元以上」，這時再看斑馬一瓶五十四元，是不是覺得很便宜？

【十二瓶裝】

原價七百元，粉絲專享價五百九十四元，適合你和三五好友共享。買這款送一個小麥啤酒杯，設計得很專業：「腰」很細，手握著比較舒服，杯口很大，喝起來更暢快，當冰鎮的酒液大口地灌進口中，你會突然明白什麼叫「味蕾都高潮了」。

【六瓶裝】

原價三百二十四元，粉絲專享價三百一十元，適合買來一個人小酌。沒喝過德式小麥的朋友，可以買這款試一試，反正也不貴。平時掏出三百二十四元，連半瓶好一點的紅酒都買不到，但是今天，你可以買到高品質的純小麥精釀六瓶！就算不喜歡也沒啥損失，但是如果覺得好喝，就為自己打開一個全新的味覺世界！

我又一次使用**【價格錨點】**。有的行銷人說這招已經被用爛了，但是當你用得合情合理時，它的說服力還是非常強的！

德式小麥是全球暢銷五百多年的經典，喝啤酒沒喝過它，就像喝了一輩子芬達，卻沒喝過可口可樂一樣。你起碼應該嘗一次，不是嗎？

前文我就在暗示，暢銷五百多年的啤酒如果沒喝過，會是多麼遺憾，但我總覺得這樣講衝擊力不夠，因為大家對暢銷五百多年的啤酒並不熟悉。某個深夜我靈光一閃，把它類比為另一個經典飲品可口可樂，沒喝過立刻變得荒唐、不合理了！

另外，我最後一句的措辭也很有技巧。我並沒有逼讀者相信斑馬、選擇斑馬，這樣會激起部分讀者的質疑：「憑什麼？」我退一步向讀者提出一個很小的要求：嘗試一次就好，這對讀者來說太容易做到了！而且我們之前分析過，很多人原本就有好奇嘗鮮的習慣，自然會爽快地答應。

《銷售資料》

這篇業配文首發於文案高手小馬宋的公眾號，他的讀者是一群行銷人，行銷人讀文案和普通消費者不一樣，會忍不住職業病發作，開始分析行銷手法、文案技巧，不好好購物。所以我對這次投放絲毫不抱希望，沒想到資料出來了，賣得還不錯！

截至今天，這篇文章已經投放在十二個微信大號上，**平均訂單轉化率比之前的版本高七六．八六%，也就是說，同樣一批讀者進來，這篇文案的訂單轉化能力是前一版的兩倍左右。**如今，斑馬精釀的知名度也越來越高，強亞東告訴我，他們收到不少企業家和演藝明星的訂單。斑馬精釀也改變了我的生活，在寫這篇文章時，我的右手邊就有一瓶斑馬。我每晚都一定要喝一瓶，甚至懷疑自己成酒鬼了。

我喝酒的理由比較特別，除了好喝之外，也為了助眠。因為精釀啤酒度數高，一瓶抵兩瓶，晚上十點喝，十一點就睏了，幫我改掉多年熬夜的壞毛病。如今我早睡早起，每天六點半起床，清晨時分精力充沛、無人打擾，用來寫作感覺很棒！我完全沒想到，一瓶啤酒竟然能改變我的作息。嘿，你要不要「嘗試一次」？

案例3、一個關鍵金句，打造網銷冠軍洗碗機

聊個天：你們家誰洗碗呀？如果你的答案是洗碗機，那你真是時髦！到目前為止，洗碗機仍不是一項十分普及的商品。

在中國，洗碗機市場正在擴大。據家電調研機構中怡康公布資料，二〇一六年中國洗碗機市場零售額達八九．一億元，同比增長一〇四．八%，是個熱門的市場，越來越多人開始觀望、選購洗碗機。在這樣的背景下，二〇一七年，美的推出一款普及型洗碗機，試圖搶佔市場。相比於競品動輒兩萬以上的價格，這款商品只賣一萬兩千元左右，並且不需要安裝，像電鍋一樣插了電就能用。

在商品上市之前，他們必須打造一個吸引人的商品詳情頁，讓顧客覺得：這款商品真好用，我現在就要買！

《商品賣點》

這項商品的主要賣點有以下三點。

1. **免安裝：**不用鑽孔或拆櫥櫃，放桌上插電就能用。
2. **超快洗：**普通洗碗機一次需一個半小時以上，這款商品最快只需二十九分鐘。
3. **可洗水果：**不能洗菜葉，但是可洗比較堅硬的海鮮、水果。

《四步驟分析》

◎ 標題引人注目

商品詳情頁的標題不追求語出驚人，要根據關鍵字熱度等因素決定，在此不贅述。寫微信大號推廣文案時，他們想出了一個令人驚歎的好標題。先賣個關子，我稍後再和你分享。

◎ 激發購買欲望

很多人搜洗碗機時，其實並沒有下定決心，想先看看價格、功能再決定。所以詳情頁的第一個挑戰是說服顧客，讓他感受到：我確實需要一台洗碗機！當讀者確認自己要買洗碗機後，就開始考察：美的這一款怎麼樣？我們來看看主要賣點。

免安裝：買來就能用，簡單方便，這個賣點很吸引人。

超快洗：對於消費者來說，每餐飯之間的間隔很久，例如：上午七點半吃早餐，到中午十二點半吃午餐，隔了五個小時；再到下午六點半的晚餐時間，又隔了六小時。間隔這麼久時間，普通洗碗機洗一個半小時也無妨，這個功能似乎有些雞肋。

洗水果：這是很多兩萬元以上競品才具備的功能，許多使用者也常使用。但是有不少人表示，自己手洗也很快，沒必要用洗碗機。這個功能似乎也不太重要。

如此分析，這款商品的功能似乎並不突出，該如何激發顧客的購買欲望呢？

◎贏得讀者信任

現在家電製造技術趨於成熟，用很久也不容易壞，顧客對商品品質不會太擔心，阻止他購買的大多是細節的顧慮。

首先是容量。全家吃一頓飯的碗盤，能不能一次塞進去？如果不能，部分餐具還要自己手洗。其次是消毒能力。消費者買洗碗機時，通常希望能同時具備消毒碗筷功能。消毒櫃通常能加熱到攝氏一百度以上，但這款商品只能加熱到攝氏七十二度。這個溫度足以殺死絕大多數細菌，但是很多消費者不相信，怎麼辦？

◎引導馬上下單

美的會在節慶時做促銷，限時限量贈送禮品，做法並不特別，在此不贅述。

《範文解析》

◎激發購買欲望

讀者缺乏耐心，因此詳情頁一開始就要把王牌賣點亮出來。這款商品能講的賣點有很多，商品團隊經過多次調研和試銷，發現消費者最關心前述三項主要賣點，所以特別強調。必須一開始就戳中痛點，他才會跟著文案往下讀。

免安裝是典型的省事型賣點，用上**【恐懼訴求】**再合適不過。光寫洗碗機安裝麻煩，讀者不會有感覺，因此作者直接指出安裝要鑽孔、拆櫥櫃、接水管，並配上圖片，讓讀者看到這些繁瑣的操作和場景，產生逃避情緒，於是更想買免安裝洗碗機。

一般的洗碗機，透過接水管進水，操作簡單。詳情頁說這款商品不必接進水管，那讀者肯定感到疑惑：水如何加進去呢？這裡馬上提供答案：使用時裝一壺水，倒進洗碗機裡。這給讀者增加了一些工作量，讀者又擔心了：我怎麼知道該加多少水？倒水要多久時間？會不會很麻煩？詳情頁馬上用圖解說明洗碗機的智能水箱功能，能自動識別水位，**【化解疑慮】**，讓讀者安心往下看。

這款商品從一開始就設定好明確的目標消費人群：二至三口之家的年輕夫妻，平日忙於工作，回家還要帶孩子，肯定不願意洗碗，但周遭卻有許多反對意見。年輕夫妻的父母長輩或朋友同事會說：「碗都不想洗，你也太懶了吧！」、「幾個碗洗一下很快，幹嘛要浪費錢？」受到這些意見影響，消費者心裡會感到猶豫。

很多人感覺買洗碗機太奢侈了，心裡有罪惡感。本書提過一招可以化解它，就是**【正當消費】**！這篇文案就是一次精彩示範，它告訴讀者：**洗碗不光是為了省事，更能讓你們夫妻不為「今晚誰洗碗」而吵架，也讓你有更多時間陪孩子。**夫妻感情、親子教育正是年輕妻子最關心的議題，有效地增強顧客購買的決心。

這裡給我們一個啟發：**【正當消費】**通常用於引導馬上下單，但它同樣可以用於激發購買欲望。

聊到省時間這個賣點，**【認知對比】**顯然是最直觀的，二十九分鐘和九十分鐘兩相比較，差距的確很大。但我們剛才分析過，省時間對消費者的意義並不大。在調研過程中，商品團隊發現：消費者普遍認為洗碗時間和耗電量成正比，這款只需三分之一時間，讓人感覺電量也很省。實際上這款商品確實省電，但幅度沒那麼大，所以這裡並沒有標明具體的耗電量，只寫一句「更快更省電」，引導讀者往這方面聯想。

洗蘋果、梨很簡單是吧？作者找出幾種洗起來很麻煩的食物，例如：葡萄的個頭小、數量多，洗起來很費勁；螃蟹、小龍蝦有許多細縫處，污泥很難搓掉，而這些還都是經常要洗的東西。作者運用**【恐懼訴求】**，讓讀者發現洗水果功能非常實用！

◎贏得讀者信任

攝氏七十二度能徹底殺菌消毒嗎？消費者的心懸在半空中。作者運用**【權威轉嫁】**，請協力廠商權威機構提出一份檢測報告，證明九九．九九％的細菌都消滅了。提出報告的是中國家用電器檢測所，看起來是國家級的大機構，大部分讀者感覺可以信得過，家裡有嬰幼兒的家長也會放心購買。

作者試圖化解消費者的顧慮：能不能裝下一餐的所有餐具？這款商品實際上能裝四套餐具，為了讓容量看來更大，刻意將筷子也算進去，換算成二十二件餐具。但這並不能完全打消消費者的顧慮，家族成員四到五人的家庭不敢貿然下單。

即使這款洗碗機洗一次碗只要二十九分鐘，消費者還是會擔心它耗水耗電，結果收到一份驚人的帳單。作者運用**【事實證明】**，列出具體的耗電量、耗水量約為○．三四度電、五公升水，主打循環洗淨、省水省電，並比手洗更省水，打消顧慮。

進一步思考，消費者節省水電的主要目的是省錢，因此我們是否還可以運用**【算帳】**把費用算出來？例如某位網友在論壇發帖所說的：「一個月洗碗的水電費不會超出一百元，相當於每天花幾塊錢雇個人給你洗碗，洗得比手洗乾淨，何樂而不為？」這句話立刻激起其他網友的興趣，紛紛問他購買的品牌、型號。

《銷售資料》

目前為止，這個商品詳情頁並沒有語出驚人的文案，但它準確抓住年輕夫妻的痛點，每個話題都是消費者想瞭解的，用**【正當消費】**、**【認知對比】**、**【恐懼訴求】**激發購買欲望，用**【權威轉嫁】**、**【事實證明】**、**【化解顧慮】**贏得顧客信任。商品上市不久，首批存貨就銷售一空，目前是天貓所有洗碗機型號裡銷量最高的一款。

其實，美的洗碗機有一段十分有力的文案，但它沒有出現在這個頁面中。美的洗碗機與行銷機構「共振無界」合作，機構創始人任玲玲洞察到一件事並寫成文案：

洗碗不是一件小事，如果每天洗碗十件，四十年接近十四萬六千件，簡直就是「碗」裡長城！如果每天洗碗三十分鐘，四十年接近七千三百小時，人生將近兩年半在做洗碗工。從此，把「碗」裡長城交給美的洗碗機，把時間還給美好的生活！

這讓人很震撼！很多女性天天洗碗，看到這段話嚇了一跳，沒想到洗碗這件事竟給自己判了有期徒刑，刑期兩年半。現代人經常感歎時間不夠用，下班回家做飯洗碗，陪陪孩子，就到了深夜，沒多少自由時間，「把時間還給美好的生活」正是她們的渴望！這段話運用**【恐懼訴求】**，充分激發出顧客的購買欲望。

沿著這一思路，他們想出微信推文標題**「缺一台洗碗機，你人生的含金量下降三%？」**，採用**【好友對話】**句式，向「你」提問，讓人好奇：洗碗機和我人生三%有什麼關係？點進去後，發現作者並不是亂下標題，而是把「二．五年洗碗時間」除以「八十年壽命」，約等於三%，生命因為洗碗消耗掉三%，你願意嗎？

好商品加上精彩文案，讓美的洗碗機銷量暴增，與二〇一五年相較，二〇一六年銷售額增長超過二〇〇%，成為集團內耀眼的明星新品類。

案例4、高單價的電動牙刷，一樣能讓10%讀者買單，7天狂賣近三千套

以下介紹的是一篇賺到五百零八萬營業額的推文。作者是我的好朋友，他要求隱藏自己的姓名和相關資料，下面我只能稱他為「神秘人」。

幾年前，神秘人和朋友一同創立毛巾品牌。商品推出後口碑不錯，發展一年多，微信公眾號已擁有十二萬粉絲。在公眾號上，神秘人設置一區分類文章，專門銷售商品特惠組合，他定期精選異業品牌合作，組合搭售低折扣商品。二〇一六年十二月，神秘人決定與新興品牌U1電動牙刷合作，賣「電動牙刷＋毛巾」的套裝。

《商品賣點》

公眾號讀者很熟悉毛巾商品。套裝銷售的關鍵在於如何讓他們接受電動牙刷，當

時搭售的U1電動牙刷賣點有這些：

- **每分鐘三萬八千次音波潔齒，清潔更乾淨。**
- **美國杜邦刷毛，百分之百磨圓處理。**
- **USB高速充電，半年超長待機。**
- **三檔模式，隨意變換。**
- **優雅壁掛設計，防發霉，省空間。**

《四步驟分析》

◎標題引人注目

如果想實現短期利益最大化，應該取一個驚人或充滿懸念的標題，並強調限時優惠，刺激讀者馬上點進來。但神秘人不打算如此。**他將公眾號看作商品與顧客共同的家，堅持用好友聊天的口吻寫標題，長期下來，品牌和顧客的關係越來越近，公眾號的開啟率和活躍度大幅領先同行。**他用同樣的風格撰寫本篇標題。

◎激發購買欲望

理性賣點對女性社群而言未必有用。一般電動牙刷聲波潔齒的頻率是每分鐘三萬一千次，U1可以做到三萬八千次，這是他們的主打功能。然而，對許多女性顧客而言，潔齒頻率並非重點，聊這個很難勾起她們的購買欲。「美國杜邦刷毛」也是同理。精緻簡潔的造型是女性顧客喜歡的，推文中展示照片即可，不必寫太多文案。

那到底還能寫什麼呢？該如何激發讀者強烈的購買欲？

◎贏得讀者信任

當時的U1還是起步不久的新品牌，沒有知名投資人或明星推薦，也沒有驚人的銷售資料，如何讓顧客相信它的品質？不解決這個問題，讀者就會質疑：牙刷用一段時間後會不會失靈或壞掉？一陣胡思亂想後，便會放棄購買。

◎引導馬上下單

在神秘人賣過的所有搭售套組裡，這套是最貴的。

- 搭售經期飲品，一套三百七十八元。
- 搭售洗髮精，一套五百三十一元。
- 搭售無鋼圈內衣，一套八百四十六元。

這次搭售電動牙刷的套裝，一套要賣到一千八百元。這給讀者設了一道高門檻，他們並非原本就有意願購買電動牙刷的意向顧客，只是閒暇逛逛社群網站，偶然看到這篇文章。一千八百元對不瞭解電動牙刷的女性而言，可不是隨便就能掏出來的；而研究過電動牙刷的女性知道，其他國產品牌通常賣八百元到一千兩百五十元之間，這個價格明顯偏貴。這種情況下，文案該怎麼寫，顧客才願意馬上下單呢？

這是一篇相當不好寫的文案，但神秘人一一攻克四大難關，交出一份令人信服的作品，成功俘獲顧客的芳心，他是怎麼寫的呢？

《範文解析》

◎標題引人注目

「閃購─我為什麼要在最後一期推薦這款電動牙刷給你？」

每次推搭售活動，神秘人都會在標題開頭寫上「閃購」。由於前幾次折扣幅度都很大，很多公眾號讀者看到這個詞就點進來了。這個標題也暗示讀者：本文的話題是賣電動牙刷，提前為讀者鋪墊，並用疑問句引發讀者好奇心，能提高一定的閱讀量。

這是今年最後一期搭售活動，和過往幾期有些不同：往常我們都是選好合作的品牌，親身體驗並瞭解優勢後再推薦給你。但這次，我們先選定電動牙刷這個商品，然後買來各式各樣的電動牙刷，仔細測評並親身體驗幾週後，才選出這款。

如果神秘人一開始就寫「今天，我想向你推薦一款好用的電動牙刷」，會顯得推銷味很濃，讓人產生戒備心理。所以他先和讀者聊天，「有些不同」這四個字很有技巧，讓人好奇到底哪裡不同？於是不由自主地往下看。神秘人隨即引出這款商品是「仔細測評並親身體驗幾週」選出來的，讓人感覺他很認真，選出的商品應該不錯。

◎贏得讀者信任

剛才我們分析過，當時U1是新品牌，很多讀者不認識它，它品質如何？讀者心裡打個問號。所以從一開始，神秘人就刻意用自家品牌為其背書，將讀者對自己的信任轉嫁給U1。

我們一直認為：從我們這裡推薦出去的東西，價格不一定要貴，也未必是大牌商品，但一定是能夠實實在在提升你幸福感的物件。而現在包括我在內，許多人都認為，這款U1電動牙刷，是一個能在你起床和睡前都覺得美好的東西。

這段的主要功能是過渡，從開場白過渡到商品介紹文案，讓讀者期待：為什麼這款電動牙刷能讓我感覺美好？於是繼續往下看。

U1品牌創始人是 Gino 同學，他是個年輕又陽光的廣東大男孩。別看他年齡不大，已經在寶僑工作多年，一直從事口腔護理領域的工作。

Gino 並不是很有名的創業者，為什麼要特別介紹他？原因在於，當你展示創始人的名字和照片時，讀者潛意識裡就會更信任他。試想如果是個騙子做了款爛商品，想賣高價賺一把就跑，他會公開自己的身份嗎？恐怕只會躲在幕後，準備隨時跑路吧！照片上，創始人手裡拿著商品和獎盃，讓人感覺落落大方，對自己商品很有信心。讀者看到後，對商品更有信賴感了。

◎ 激發購買欲望

我問過 Gino，為什麼要創業做電動牙刷，他告訴我：「我在口腔護理的領域從業多年，對電動牙刷瞭若指掌。在重視口腔健康的歐美國家，電動牙刷的普及率已經達到五〇%以上了，而國內還不到三%，即便是在一線城市，也不滿一〇%。我希望能加速推動電動牙刷這項商品，讓更多人嘗試更健康也更舒適的刷牙體驗。」

當時用電動牙刷的人還很少，當讀者看到歐美國家普及率達到五〇%時，不免有些驚訝。文案用**【暢銷】**激發人的購買欲，讓人好奇：歐美人為什麼這麼愛用？到底哪裡好用？於是往下看找答案。

◎贏得讀者信任

前些天收到Gino的捷報，說商品獲得台灣金點設計獎的「年度最佳獎」。起初我以為只是個不起眼的小獎，打聽後才知道，金點獎是台灣歷史最悠久、最權威且最富知名度的專業設計獎項。聊起這件事時，Gino十分開心：「雖然得獎和創業成功並不存在必然的關聯，但這個獎意味著我們為商品投入的心血受到專業人士認可，我們的努力沒有白費。」

某個自媒體大號（下面簡稱「某大號」）撰寫另一篇推文，同樣推這款電動牙刷，它這樣介紹這個獎：「沒錯，它剛剛拿到台灣金點設計獎，這是全球華人市場最頂尖設計的獎項，只頒給已經正式量產的高水準設計商品。」

這話打動人嗎？沒有。反而讓讀者質疑：你說這獎厲害，我怎麼知道是真是假？儘管金點獎在業內如雷貫耳，但對外行的讀者來說，卻是相當陌生。神秘人洞察到這一點，寫下「起初我以為就是個不起眼的小獎」，其實這話是幫讀者說的，隨後馬上用Gino的話澄清，有力地證實這個獎的含金量，運用**【權威轉嫁】**為商品背書。

對於Gino拿獎這件事，我並不意外，因為即便你對U1和Gino一無所知，在拿到牙刷的那一刻，也一樣能感受到他們在商品上的一切用心。

這段話再次強調自家品牌對 Gino 及商品的認可，讓讀者更信賴他們。此時，文案已經花了不少篇幅來贏得讀者信任，但是在激發購買欲望這一步著力甚少。顯然，神秘人很清楚這一點，接下來，他將用一種與眾不同的方式來賣牙刷。

◎激發購買欲望

U1的商品設計外觀上絕對值得打高分，簡約大方，時尚且淡雅。其背後的設計團隊也是大有來頭，是一個屢屢斬獲德國「紅點獎」、德國「iF獎」、美國「IDEA獎」的設計團隊 inDare。除了外觀，各種用心的細節也讓人眼前一亮：當你的手觸碰到U1牙刷的瞬間，柔和的指示燈會自動點亮，這是清早一聲體貼的問候。

某大號只寫「配置先進的手握啟動功能」，讀者並沒有感受到這功能有什麼好處，而神秘人以「你」的角度寫，引導讀者想像自己伸手握住牙刷的場景：清晨醒來睡眼惺忪，手握牙刷燈亮起，感覺挺貼心的，所以神秘人把它描述成體貼的問候，把牙刷擬人化，讓讀者感受到互動的好心情，是一次**【感官佔領】**的優秀示範。

刷牙過程中，U1每三十秒鐘振動兩次，到兩分鐘的時候振動三次，這是為了提醒你，兩分鐘是合理的刷牙時間。我在剛開始用的時候，試了好幾天，用什麼樣的速度，才能剛好在兩分鐘內刷完上下兩排牙齒的三個面，還挺好玩的。

某大號僅是這樣描述此功能：「定時提醒刷牙時間」，神秘人更進一步，寫出這個功能對讀者的好處：「提示合理的刷牙時間」，還補上一句挺好玩的，讓讀者更期待自己上手體驗的感覺。同樣賣電動牙刷，為什麼神秘人的文案寫得比別人精彩？一個重要原因是：一般行銷人拿著廠商資料就開始寫了，而神秘人真的掏錢買一套，親身體驗兩週，細心記下使用感受，有感而發的文案自然更具感染力。

> 圓弧形的底部設計，和高品質的吸盤掛架搭配起來相得益彰，既美觀又節省空間，更不會因為長期沾染水漬導致藏汙納垢。

我們都有這樣的經驗：牙刷在潮濕環境放久了，底部會生出黑黑的污垢，看上去就很不舒服。這裡，神秘人稍微使用**【恐懼訴求】**，讓人回憶起這種畫面，於是更想要購買這款潔淨的牙刷。

> 我最喜歡的一處細節設計：常見的電動牙刷充電都是使用充電底座，所以如果要出遠門或過年返鄉時，還要隨身攜帶充電底座，不僅不方便，還容易弄丟，一旦丟了就只能重買一套。但是U1在充電的設計上，使用USB的介面，也就是說，只要有安卓的資料線，去哪都不用擔心充電問題，適合像我一樣丟三落四的人，哈哈。

某大號寫的是：「見過底座帶大插頭充電的，沒見過能用手機充電器充電的。這是要逆天？」這又是一次用力過猛的表達。多數讀者對電動牙刷充電器的外型完全沒概念，又怎麼會感覺「逆天」呢？

如果讀者在家刷牙，充電器大一點也無所謂。神秘人指出另一個熟悉的**【使用場景】**：出遠門。整理行李箱時最怕塞太多東西，出行時也怕匆忙間弄丟東西。神秘人指出，如果用其他品牌，弄丟充電器就很難買到配件，要重新買一套牙刷，實在很不便宜！相比之下，用安卓充電線隨手可得，輕鬆便攜，顯得惹人喜愛。

◎贏得讀者信任

說到充電，值得一提的是U1牙刷的電池容量：充電三小時，刷牙六個月。其他電動牙刷一次充電的可用時間大約是七到二十一天。（能不能用到六個月我還不知道，反正我用了快兩個月，還是滿電。）

神秘人運用**【認知對比】**，突出商品電量充足的優勢。請注意括弧裡的這句話，很見功力。乍一看讓人疑惑：為什麼要這樣寫？這不是質疑廠商六個月的電量承諾嗎？即使作者心有懷疑，也沒必要寫出來給讀者看呀！

實際上，當讀者看到這句話時，心裡會這樣想：嗯，看來作者滿客觀的，沒有為了錢亂捧廠商！這本來就是事實，而神秘人的智慧在於，他刻意讓讀者領悟到這個事實，於是更信任作者。這種信任在後文將發揮巨大的作用，我們繼續往下看。

◎激發購買欲望

當然，一款電動牙刷細節再好都是次要，能不能徹底清潔並保護牙齒才是關鍵。

這句話看似平淡，卻是經過深思熟慮。其實神秘人大致上已經把牙刷的重要賣點都講完了，也撩起讀者的購買欲望，他說出這句話暗示「好戲在後頭」，讓讀者更加期待：還有什麼更強的功能嗎？因此認真看下去。

無論你是否選擇購買U1音波電動牙刷，在此我要提供一點建議和科普知識：電動牙刷一般分為旋轉式與振動式，理論上，旋轉式能更徹底清潔牙面，但對牙面的磨損傷害程度也較大；振動式則是透過高頻率振動，將牙膏打成大量的微小氣泡，氣泡爆裂時產生的壓力可以深入牙縫清潔污垢。（從我個人體驗的角度來說，我更建議選擇振動式牙刷，既能夠清理到牙縫深處不易清潔的污垢，也對牙面沒有傷害。）

關於振動清潔原理，某大號寫：「透過高頻率的刷毛振動，將牙膏分解為細微泡沫並產生流動潔力，可更全面地清潔到每個牙齒表面和牙縫深處，效果自然棒！」用語專業而枯燥，令人讀不下去，「效果棒」再次讓人感覺吹噓得太猛，很假。

再看神秘人寫的這段話，把專業原理用簡單的話來解釋，讀者看起來更輕鬆。他並沒有推銷你什麼，只是介紹市面上常見的兩種商品以及優缺點讓你選，讓讀者感覺很自在。讀者的選擇已經很明顯了，誰會想買傷害自己牙面的商品呢？

我問過Gino，如果拿U1牙刷和類似飛利浦、oral-B這樣的品牌相比，結果如何？Gino說，U1牙刷至少可以和大牌三千元以上的高價商品正面一拚，這一點我也從公司一位用oral-B牙刷的女生口中獲得證實。

啊，終於來到要談錢的時候了！神秘人使用一個殺手鐧——設置**【價格錨點】**。當商品擁有三千元級別品質時，一千八百元還貴嗎？請注意，當這個論斷從Gino口中說出時，讀者還是會懷疑：你是老闆，你當然要誇商品好啊！神秘人很敏感地意識到這一點，補了句話，表示用大品牌牙刷的同事證實了這一點，顯得更可信。

這篇文章論述始終中立客觀，就在前文，神秘人還對廠商說的「充電一次用六個月」稍有懷疑，讓讀者一路看下來，對作者有一定程度的信任感，看到這個關鍵點時，也會更相信作者的結論「商品能比拚三千元大牌」，對最後的成交十分重要。

從資料上看，一般電動牙刷每分鐘振幅約為三萬一千次左右，而U1牙刷可以達到三萬八千次，代表U1能夠更深層次地清理口腔。

在刷頭的選擇上，U1採用美國杜邦刷毛、百分之百刷絲磨圓處理，雖然我不太瞭解杜邦刷毛，但是查了一下，基本上就是很高級的意思。

以上是廠商認為的王牌賣點，而神秘人認為讀者不會非常關心，輕描淡寫而過。接下來，神秘人要攻克一個難題：很多讀者買電動牙刷，就是為了牙齒健康，像是預防蛀牙、治療牙齦出血。電動牙刷確實有這種功效，但也沒辦法打包票，我們都知道：牙病有時候很複雜，即使是牙醫，也不能保證幫你徹底治好。

該如何告訴讀者商品能預防牙病，又避免過度承諾呢？

同事內測使用體驗

1. 用了幾週，覺得牙齒好像變白了一點點，不知道是不是心理作用。
2. 別的不敢說，牙齦出血的情況已經很久沒出現了。
3. 我用三檔中最強勁的那檔，我覺得這樣刷得比較乾淨。（不許說我太粗勇！）
4. 別問我了，我給老公和爸媽都買了。

神秘人把同事內測結果當作**【顧客證言】**，直接表達出美白牙齒、防治牙齦出血的功效，大批女性讀者有此需求，看到後更加增強購買的欲望。同時，神秘人也避免了承諾療效和過度宣傳。反觀同行的文案，常用牙周炎、牙菌斑等專業術語來論述這一賣點，讓讀者看得懵懵懂懂。同時，請你注意第四點，作者刻意埋下伏筆，這個伏筆到底有何用意？請繼續往下看。

◎引導馬上下單

U1牙刷零售價是一千八百元，Gino 告訴我：這個價位一般來說只能買到大牌聲波電動電刷的入門級商品，但其品質足以和三千元級別的高端商品一較高下，所以即便是在網路購物上折扣最多的購物狂歡節活動，U1的價格也頂多便宜五十元左右。我說這我不管，給我家品牌粉絲的價格，必須是史無前例的優惠。

最終我們達成這樣的協定——

- 在本品牌以外的任何平台購買：一套一千八百元。
- 在本品牌購買：除了原本價值一千八百元的U1電動牙刷以外，再加兩隻價值三百四十元的刷頭和本品牌套裝，價格不變！

（本次閃購備貨兩千套，開放購買七天，售罄或七天結束後均不再販賣。）

註：U1套裝中原本包含兩個刷頭，加上贈送的兩個，一共是四個。建議每三個月更換一次刷頭，四個刷頭足夠用一年，平均下來每天只要五塊錢。

在前面提到「媲美三千元大牌商品」時，讀者已經感覺一千八百元非常超值，但當時神秘人並沒有號召讀者下單，因為他要在這裡給出更大驚喜：送了一大堆實用的商品，還是一千八百元！這一下子打破了讀者的預期，讓讀者感覺非常划算！他還幫讀者算了筆帳：「平均下來每天五塊錢」，這麼想這商品還貴嗎？讀者再也無法抑制自己的購買衝動了，下單吧！

文案寫到這裡，已經是相當精彩，但是讓人沒想到的是，神秘人還試圖達成另一個行銷目標：讓讀者買兩套，甚至三套！看看他是如何做到的。

◎ 激發購買欲望

最後再給一個小小的建議：快要過年回家了，以前，我每年都是帶些補品、年貨什麼的回家，再塞個紅包給爸媽。

前段時間，我給爸媽寄了兩套牙刷回去，他們說以前都不知道還有電動牙刷，用起來也挺不錯，他們很喜歡。所以，如果你還沒想好今年過年帶什麼回去，不妨帶兩套牙刷給爸媽，他們開心，你也有面子。二〇一七年，我和你們一起武裝到牙齒。

你還記得剛才的伏筆嗎？「別問我了，我給老公和爸媽都買了。」神秘人提前在讀者心裡埋下「送禮」的種子，這裡再提到時，讀者接受度就更高了。

之前我們聊過，這篇文案於二〇一六年十二月底推出，距隔年春節只剩一個多月，讀者已經開始盤算回老家的事。神秘人洞察到這一點，運用**【使用場景】**這一文案技巧，讓讀者想像回家後給父母送禮的場景。他寫送禮和一般行銷人不一樣。很多文案走報恩感人路線，說父母有多不容易啦，頭髮斑白多辛苦啦等，這種論調讀者聽太多了，不但缺乏共鳴，還有種「你又來道德綁架我」的厭惡感。

神秘人從輕鬆的角度聊這件事，讓讀者想像父母驚喜、開心使用電動牙刷的畫面，那時讀者心裡會充滿成就感！這樣講，讀者心裡就舒服多了。帶著愉快的心情，很多讀者一次買了兩套，甚至三套。

《銷售資料》

我提到的某大號，推廣同款牙刷閱讀量達十萬次以上，具體數字不得而知，但他們私下透露最終銷量是七百多套，轉化率可以確定低於〇．七%。

毛巾品牌的這篇推文，閱讀量達到兩萬八千一百五十六次時，已經賣掉了兩千八百三十二套，轉化率高達驚人的一〇．〇六%，也就是說，這篇文案的支付轉化率是對手的十四倍以上，可見好文案的力量有多麼強大！另外，將客單價乘以銷量，你會發現這篇推文賺到約五百零八萬的營業額。

在寫這篇文案之前，神秘人告訴我：「之前推的幾個商品，銷量一次比一次好，我很想知道我們的極限在哪裡，所以挑個最貴的商品來搭售。如果客單價翻倍，銷量下降不多，就能打破銷售額記錄。」他做到了。

後記
我曾經一篇文案被退一百次，但現在……

二〇〇八年，我在福州一家叫盛世元年的廣告公司實習，寫一篇兩百字的文案，被主管改了一百多遍（不是誇張，是真事）。

兩個月後，我被叫到辦公室。不是主管找我，而是財務和我談話，她面帶禮貌性的微笑，溫柔地問：「來這邊工作有一段時間了。感覺怎麼樣？」

我忘了我回答什麼，我只記得她的下一句話：「你覺得你在這邊表現得怎麼樣？」我沉默了兩秒，儘管當時還是個剛畢業的傻傻新鮮人，還是悟出她的言外之意。我被解雇了。

我和另一位外號叫阿樸的要好同事，坐在公司外的草坪上，人手一瓶易開罐裝的啤酒。我很平靜地和他聊著，告訴他我被炒魷魚了，心裡充滿迷茫，不斷質疑自己是不是做行銷的料，也不知道下一步能去哪裡。

我終於挺過來了，但永遠忘不了那時的痛苦：毫無頭緒和思路，卻要面對馬上到來的截稿時間；改了一遍又一遍，卻寫不出打動人的文案，就像走進一條深不見底的漆黑隧道。一路熬過來，靠高人指點和自己摸索，我終於想通了文案賣貨的邏輯。

我多希望能坐上時光機，把這一切告訴二〇〇八年那個痛苦的自己，少浪費幾年苦苦摸索的歲月！雖然這件事無法做到，但我可以與你分享，可以幫助千千萬萬迷茫的行銷人！這個心願一直在我心裡呼喊，鞭策我盡力寫好這本書，今天，它終於擺在你面前，我希望它能對你有新幫助。

我能力有限，因此這本書也有很多不足，如果你在讀的過程中有看不懂、感覺奇怪的地方，請你加入我的私人微信270931525告訴我，我會改進，拿出更好的下一版給你。我還想向你介紹六位行銷強者，在寫書過程中，他們給過我很多幫助，他們的智慧同樣可以為你所用。

首先感謝陳勇老師。他系統歸納出文案賣貨的四步驟，我聽完恍然大悟，才有這本書的雛形。他是我所知最強的網路賣場詳情頁專家，也是許多知名品牌的行銷顧問，聘請他做個專案要幾百萬的費用，而他帶來的業績增長遠超過這個數字。他讓我感歎文案的魔力，也一直鞭策我。你可以關注他的公眾號「陳勇行銷專欄」。

感謝我的兄弟張致瑋，他是輕生活衛生棉的聯合創始人。二〇一五年，這個品牌還在盈虧線上徘徊，他不斷改進商品推廣文案，終於把輕生活做起來了，在電商平台的熱門促銷活動期間，銷量甚至超過部分大品牌。在他身上，我學到寫文案時的「克制」，不需要大聲為商品叫好，而是平靜、自然地分析、聊天，這樣更能贏得讀者信任。雖然他已經很少親自寫文案了，但他培養出一支強大的文案團隊，輕生活衛生棉的公眾號值得你學習。

感謝我的老哥林忠義，他從廣告公司離職，創辦糕先生蛋糕，是我所知最會做熱點行銷⓱的人。無論情人節、兒童節、國慶日還是明星出席電影首映，他都能想出精妙的創意來促銷。他樂於分享行銷心得，你可以加入他的個人微信號ablang82。

感謝強亞東，斑馬精釀啤酒創始人兼CEO，曾創辦過許多企業品牌。亞東是一個充滿熱情的人，剛認識，他就毫無保留地和我分享他做品牌的心得。我非常榮幸能參與斑馬精釀的推廣，見證一個品牌從創建到閃亮的過程。

感謝「美國街頭」，易中天團隊首席行銷顧問，他主筆的多篇微信文章都受到許多朋友轉傳分享，閱讀量達百萬次等級，他也透過本書分享許多知識，並為本書的排版提供指導。

感謝亞丁，本書的商品經理。在我好幾次想放棄的時候，他給我鼓勵，讓我能把書寫完。他總能提出實用、簡單的建議，把書稿改得更流暢。或許你兩天就可以把這本書看完，但卻是經過我和亞丁半年多的努力才完成。如果你覺得不錯，請拍照發在社群網站上，推薦給朋友，書賣得好，我會改進理論方法，選用更新的精彩案例，再出一本續集給你。

歡迎你加我微信好友，告訴我你的讀書收穫，以及最近發生的良好進展，文案的世界神奇廣闊，讓我們一起來探索吧！

注

⑰ 熱點行銷是一種「借勢行銷」，是指企業掌握時下廣受關注的社會新聞、事件或明星效應等，趁勢與企業或商品宣傳結合，而展開的一系列相關活動。

NOTE

附錄

爆款文案小測驗

※編輯部整理

請從選項中勾選出更符合本書所介紹爆款文案寫作方式的敘述，最後對照解答，看看你是否已經掌握了寫出爆款文案的技巧！

範例：如何吸引更多讀者點閱文章？

☐ A 盡量用雙關用語或諧音詞，繞著彎表達主旨。

☐ B 在標題前面加上很多符號。

☑ C 兩秒內讓讀者驚訝或好奇，不假思索地點進來。

本題答案是 C，你選對了嗎？

如果選錯的話，請翻到 017 頁，再看一次哦！

以下哪種文案更符合「佔據讀者感官」的做法？ 01

□A 採用新鮮優質原料，滋味香甜可口，無論是單吃還是淋上果醬，都是美味的享受！

□B 採用十八道獨特工法，每一個飯糰都像手工現做。

□C 一口咬下，濃郁香甜的餡料立刻在口中爆開，讓人一口接一口，吃完意猶未盡。

下列何者不是運用「恐懼訴求」來打動讀者的正確做法？ 02

□A 站在道德高點批判讀者，讓讀者畏懼。

□B 具體描寫讀者可能遇到的痛苦場景。

□C 描寫如果不解決問題，將來會發生的嚴重後果。

當自家商品比起他牌有獨門優點時，該如何突顯？ 03

□A 直接指名最大競爭對手，用最誇大的方式抹黑對方商品。

□B 先重點誇飾自家商品優點，再描寫他牌商品缺點。

□C 先客觀描述其他商品的缺點，再對比說明自家商品的優點。

04 關於多用途的商品，下列介紹方式何者錯誤？

- □A 幫讀者寫出幾個商品的使用場景，使人欣然接受。
- □B 告訴讀者自家商品隨時都可使用，來打動讀者。
- □C 仔細觀察目標顧客的生活，把商品放進生活中。

05 根據本書所述，如何讓讀者相信自家商品暢銷？

- □A 花錢買榜，讓商品在銷售榜上名列前茅。
- □B 描述商品熱銷的現象，例如：賣得快、回頭客多、商品被同行模仿。
- □C 把價格訂得很高，證明商品供不應求。

06 關於「顧客證言」，以下敘述何者正確？

- □A 花大錢請部落客撰文吹捧自家商品。
- □B 隨便從評論中挑幾條使用者好評即可。
- □C 先思考顧客的核心需求，再挑選能印證核心需求的使用者證言。

07
如何用「權威轉嫁」方式證明商品品質？

□A 胡亂找幾個專家來幫忙背書，反正消費者不會查證。
□B 直接列出商品所獲獎項即可，眞金不怕火煉。
□C 扼要地說明商品所獲獎項的高地位與高標準，讓讀者相信商品品質。

08
如何證明商品的材質優勢，才能獲得讀者信賴？

□A 做簡單的實驗對照自家商品與他牌商品有何不同。
□B 誇大地列出商品的各種高級用料，證明成本高昂。
□C 歡迎讀者到商品專賣店，實際體驗效果。

09
以下方法，何者無法具體消除讀者顧慮，讓他們放心購買商品？

□A 多聘請幾位客服人員來處理線上問題。
□B 送顧客試用包，不滿意再開放退回正品。
□C 主動提出讀者可能擔心的商品、服務或隱私問題，並提供解決方案。

如何設定「價格錨點」，讓讀者感覺商品的價格真的很划算？ 10

□A 寫出原價XX元，特價OO元，證明商品已經有打折。
□B 與類似的高價商品比較，讓讀者相信價格很實惠。
□C 説明自家商品的高品質，眞材實料不二價。

關於高價商品的「算帳」技巧，以下何者錯誤？ 11

□A 有「平攤價格」與「計算可省金額」兩種做法。
□B 只要把商品價格除以使用天數就對了。
□C 若商品是生活必需品，可先減掉同類型較低價競品的價格，讓帳面數字變小。

販賣高價奢侈品的時候，如何使人心安理得地購買？ 12

□A 將外型設計得更美觀，號召讀者：買奢侈品是爲了犒賞自己。
□B 告訴讀者：買商品是爲了家人或健康等正當因素，消除他的罪惡感。
□C 讓讀者相信商品已經很划算，錯過這次太可惜。

13 以下何者不屬於本書所提及的「限時限量」技巧？

□A 每人限買五件。
□B 限制購買者的資格，例如：學生、退休人士才能使用優惠。
□C 標註特價期限，逾時不候。

14 關於標題中的「新聞社論式」寫法，以下何者錯誤？

□A 使用具即時感的詞彙，如：二〇一八年、今春等。
□B 加入重大新聞常用詞，如：宣佈、曝光、風靡等。
□C 樹立新聞主角時，必須以自家公司爲主角。

15 如何寫出「好友對話式」標題？

□A 用「你」代表讀者，對你說話提起讀者注意力。
□B 站在專家的立場，用專業用語突顯自己對讀者的影響力。
□C 盡量不使用感歎詞。

16

以下關於「實用錦囊式」標題的敘述，何者錯誤？

□A 首先要寫出讀者的困擾，為了讓更多讀者想看，不要寫得太具體。

□B 提供破解方法，好讓讀者立即點閱。

□C 破解方法可以由專家提供，提高可信度。

17

以下關於「優惠式」標題的說明，何者錯誤？

□A 第一步是告訴讀者商品的最大亮點，例如：銷量高、明星青睞、媲美大牌。

□B 為了讓更多人買到，不可寫出限時限量。

□C 寫出具體優惠政策，甚至直接寫出價格，吸引讀者購買。

18

以下選項，何者並非「意外故事式」標題？

□A 以前從未進過廚房，大學畢業後卻變成餐廳主廚！

□B 從小喝水都會胖，二十歲時卻當上凱渥名模！

□C 十萬人見證！天天飯後一杯，三個月後「三高」不見了。

解答

1. C（請見第 025 頁說明）
2. A（請見第 036 頁說明）
3. C（請見第 049 頁說明）
4. B（請見第 060 頁說明）
5. B（請見第 073 頁說明）
6. C（請見第 083 頁說明）
7. C（請見第 094 頁說明）
8. A（請見第 105 頁說明）
9. A（請見第 113 頁說明）
10. B（請見第 126 頁說明）
11. B（請見第 133 頁說明）
12. B（請見第 139 頁說明）
13. A（請見第 148 頁說明）
14. C（請見第 158 頁說明）
15. A（請見第 162 頁說明）
16. A（請見第 167 頁說明）
17. B（請見第 171 頁說明）
18. C（請見第 175 頁說明）

測驗結果

答對 18 題：
恭喜你成為爆款文案高手！趕快實際寫寫看吧！

答對 10～17 題：
你已經學會不少技巧，但還有些不足之處哦！建議可以再學習相關知識。

答對 0～9 題：
很可惜，你尚未完全吸收本書知識，請再重新看過一次吧！

國家圖書館出版品預行編目(CIP)資料

如何在 LINE、FB 寫出爆款文案：奧美前金牌廣告人教你，把文字變成「印鈔機」的 18 個技巧！ / 關健明著. -- 二版. -- 新北市：大樂文化有限公司, 2023.03
256面；14.8×21公分. –（優渥叢書 Business ; 90）

ISBN 978-986-5564-32-2（平裝）
1. 廣告文案　2. 網路社群
497.5　　110010408

Business 090

如何在 LINE、FB 寫出爆款文案（暢銷紀念版）

奧美前金牌廣告人教你，把文案變成「印鈔機」的 18 個技巧！

（原書名：如何在 LINE、FB 寫出爆款文案）

作　　者／關健明
封面設計／蕭壽佳
內頁排版／思　思
責任編輯／林映華
主　　編／皮海屏
發行專員／孫家豪
發行主任／鄭羽希
會計經理／陳碧蘭
發行經理／高世權
總編輯、總經理／蔡連壽
出 版 者／大樂文化有限公司（優渥誌）
地址：220 新北市板橋區文化路一段 268 號 18 樓 之 1
電話：（02）2258-3656
傳真：（02）2258-3660
詢問購書相關資訊請洽：2258-3656
郵政劃撥帳號／50211045　戶名／大樂文化有限公司

香港發行／豐達出版發行有限公司
地址：香港柴灣永泰道 70 號柴灣工業城 2 期 1805 室
電話：852-2172 6513　傳真：852-2172 4355

法律顧問／第一國際法律事務所余淑杏律師
印　　刷／韋懋實業有限公司

出版日期／2018 年 11 月 19 日初版
2023 年 3 月 23 日暢銷紀念版
定　　價／290 元　　（缺頁或損毀的書，請寄回更換）
I S B N　978-986-5564-32-2